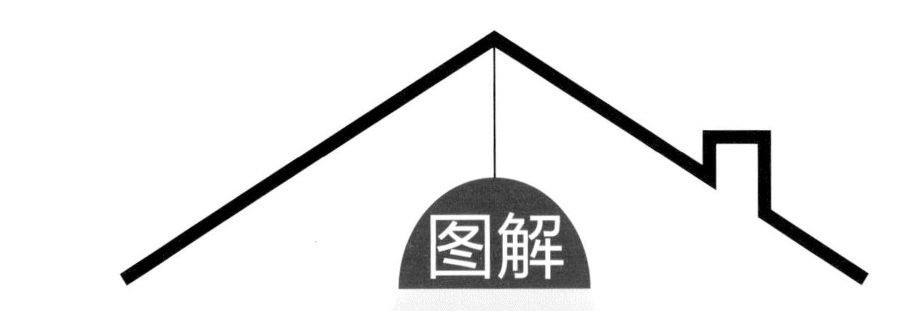

图解
全屋定制集成家具
速查手册

刘同平　兰　鹏　编著

化学工业出版社

·北京·

内 容 提 要

本手册以“便携、速查、图解”为出发点，全面介绍全屋定制集成家具的设计、预算与报价、材料，以及集成家具的加工、制作工艺步骤、安装、验收流程与实例和集成家具保养与维修制造等内容。无论是家具设计小白，还是家具设计高手，本书都能帮助读者简单、快速掌握集成家具先进设计理念与新工艺。本书各章节均附带配套二维码，读者可用手机扫码直接下载，方便阅读和使用。

本书适合正在从事或即将步入集成家具行业的设计师、经销商、生产商、投资商阅读，也可供从事建筑装饰行业的设计人员、施工人员和广大业主参考，还可作为建筑装饰、艺术设计专业的教学参考书或教材使用。

图书在版编目（CIP）数据

图解全屋定制集成家具速查手册 / 刘同平，兰鹏编著. —北京：化学工业出版社，2020.9

ISBN 978-7-122-37254-3

Ⅰ. ①图… Ⅱ. ①刘… ②兰… Ⅲ. ①家具 – 设计 – 图解 Ⅳ. ①TS664.01-64

中国版本图书馆 CIP 数据核字（2020）第 103335 号

责任编辑：朱 彤　　　美术编辑：王晓宇
责任校对：王 静　　　装帧设计：水长流文化

出版发行：化学工业出版社（北京市东城区青年湖南街 13 号　邮政编码 100011）
印　　装：北京缤索印刷有限公司
787mm×1092mm　1/16　印张 10¼　字数 237 千字　2021 年 1 月北京第 1 版第 1 次印刷

购书咨询：010-64518888　　　售后服务：010-64518899
网　　址：http://www.cip.com.cn
凡购买本书，如有缺损质量问题，本社销售中心负责调换。

定　　价：59.80 元

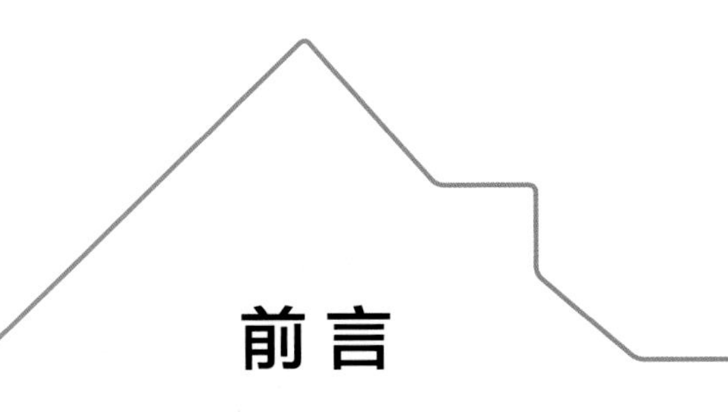

前言

家具是每一个家庭必不可少的物件，传统家具无论是在造型设计上，还是在功能设计方面，已经逐渐无法满足消费者的更多需求，特别是在人们不希望追求千篇一律的设计，不希望与他人家具雷同的情况下；越来越多的消费者将目光转向了集成家具，消费者更喜欢在自己的住宅内添加更多的自主创意与个性化元素。

由于传统室内装修存在现场制作工期长，施工人员技术水平参差不齐等问题，导致现场家具制作的质量难以得到保证，加之受到材料、工艺与加工工具等诸多限制，很多家具设计的独特创意在施工现场无法顺利实施。集成家具凭借其超高颜值与个性化设计，逐渐开始走红，受到消费者青睐。

集成家具兼具实用性、审美性、功能性与超空间利用率，同时又能体现出消费者对时尚、个性、舒适的追求，在现代家具市场上所占份额越来越大。同时，集成家具在制作上，实现了自动化或半自动化生产，制造工艺更加趋于成熟。我国目前已经涌现一批达到国际先进水平的集成家具生产企业及与之配套的家具配套产业链，进一步壮大了集成家具产业的发展。

本书以满足读者对定制集成家具设计、制作、安装等实际需要为目的，以集成家具制造为出发点，全方位介绍了集成家具各类知识，涵盖从板件下料到设计、加工、制作，从生产、包装至运输和到户安装等多个环节，形成完善的知识点。通过对每一个环节的详细介绍，以全图解的方式，全面讲述了家具从板材直至最终成品的全过程，是一本一看就懂的图解定制集成家具速查工具书。特别需要说明的是，本书各章节均附带配套二维码（动画视频），读者可用手机扫码直接下载，方便阅读和使用。

本书由刘同平、兰鹏编著。参与本书工作的其他人员还有金露、万丹、张泽安、万财荣、杨小云、朱钰文、刘沐尧、高振泉、汤宝环、黄缘、陈爽、黄溜、湛慧、朱涵梅、万阳、张慧娟、汤留泉、牟思杭、孙雪冰。

由于时间和水平有限，疏漏在所难免，敬请广大读者批评、指正。

编著者

2020年5月

目录

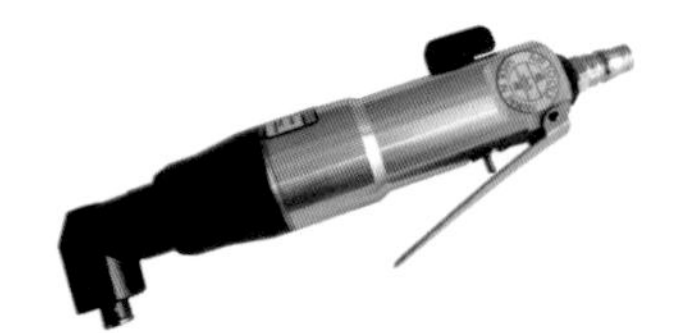

第1章 了解定制集成家具

第2章 定制集成家具设计概述

第3章 设计、预算、签约

第4章 定制集成家具材料解析

第5章 定制集成家具制作工艺

第 6 章 定制集成家具安装方法

第1章

了解定制集成家具

识读难度： ★☆☆☆☆

核心要点： 集成家具、市场行情、发展状况

章节导读： 定制集成家具是现代装饰装修的新兴事物，开始逐步取代传统现场手工制作家具。其造型多样、构造简单、生产周期短，给家具行业投资创业带来新的市场机遇。本章介绍现代定制集成家具的基本知识，帮助读者了解行业概况，为其后章节的阅读奠定基础。

1.1 定制集成家具基础

我国房地产行业蓬勃发展，各种异形房与时尚的装修风格层出不穷，单纯的传统板式成品家具已不能满足消费者的需求。家具展厅里精美奢华的家具让人抑制不住购买的冲动，然而买回家后才发现，不是款式与家居风格有冲突，就是尺寸与室内空间有差异。

1.1.1 什么是定制集成家具

定制集成家具是根据消费者的需求，对室内所有家具根据建筑结构进行一对一沟通，是集测量、设计、生产、安装及售后服务为一体的家具服务。定制集成家具为广大消费者提供了具有个性化的家具定制服务，其中包括整体衣柜、整体书柜、酒柜、鞋柜、电视柜、步入式衣帽间、入墙衣柜、整体家具等多个品种。

▲ 一个完整而温馨的家离不开家具的装饰，家具能装点出丰富而具有格调的空间。

▲ 集成家具厂对家具进行拆单、板材切割、磨边、喷漆处理，经过层层严格质量把关，最后将合格产品交付给消费者。

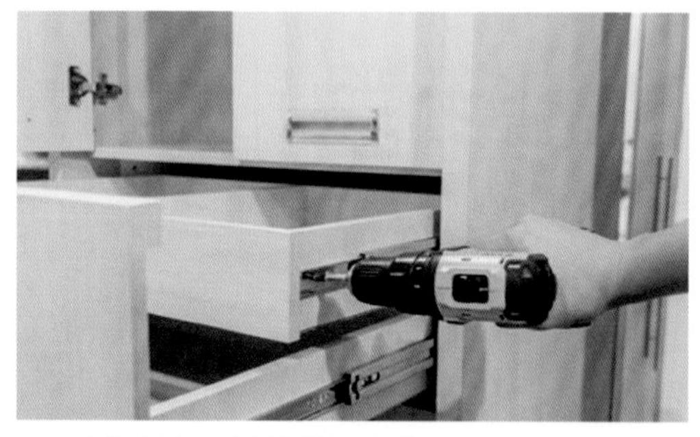

▲ 对定制家具板材进行分类组装，通过安装五金件，最终形成完整、成套的家具。

▲ 安装完毕的定制集成家具，在视觉上给人整齐划一的感觉，统一的材质能避免视觉冲突，形成良好的整体感。

1.1.2 营销模式

如今集成家具的种类越来越多，衣柜、壁柜、橱柜、沙发、书柜等产品，都可以根据消费者的喜好、家居空间的尺寸、家装整体装饰风格来量身定制，有的厂家甚至还推出了从家具制作到软装饰品搭配的全套定制服务，满足了消费者的个性化要求。

集成家具简化了整个装修流程，一体化设计让消费者不用再东奔西跑买材料、看装修进度，担心家里环境污染、甲醛超标等问题。

在传统营销模式中，家具企业往往根据简单的市场调查，跟随家具潮流进行家具研发生产。但这种营销方式生产出来的家具的尺寸很难符合空间要求，且款式花样单调。

▲ 集成家具设计将空间细分到个人，可根据个人要求设计家具，消费者就是家具设计者之一。

▲ 集成家具可以根据个人爱好提出一些特定要求，如颜色搭配、个性化设计、不同规格等，能满足不同的个性需求。

（1）尊重消费者需求

集成家具是根据消费者的需求进行家具设计，不同功能的房间采用不同的颜色设计，突出空间的使用性。设计师可根据消费者的要求进行设计，同时消费者也能根据自身喜好提出对家具的色彩、规格等方面的需求。

（2）选择多元化

在材质上，集成家具可供消费者选择的品种多且全面，不再局限于某一材质或种类。设计师根据消费者不同的喜好来进行设计，将设计从家庭划分到个人，以满足不同个性需求。

在造型上，集成家具走在时尚性与前卫性的潮流前端，将时尚元素融合到家具设计中，往往具有独特的造型设计。

▲ 集成家具可以根据消费者的储存需求，将收纳柜打造为多功能收纳性空间。

▲ 集收纳与展示为一体的玄关柜，还是玄关与客厅之间的隔断展示柜。

▲ 集成家具的材质由消费者自己选择，设计师为消费者提供详细的讲解，选择性更多。

集成家具小贴士 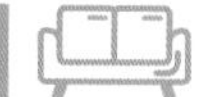

集成家具三个特点

1. 坚持将每个房间的家具独立制作，从细节上体现出房屋主人个人的设计品位，展示出设计的独特魅力。
2. 定制的家具在材质、色彩、风格上符合整个房屋的整体主题风格。需强调的是，在选材和制作中环保和健康是首先要考虑的，应严格做好选材的质量把关，真正做到绿色环保定制设计。
3. 全屋定制作为整体家居的升级版，更加符合消费者的个人风格和生活品位。

1.1.3　营销成本

在传统营销模式下，家具企业为了追求利润最大化，通过大规模流水线生产来降低产品成本。这种大规模生产的家具由于造型雷同，必然导致滞销或积压，造成资源浪费。而全屋定制是根据消费者的订单进行生产，几乎没有库存，加速了资金周转，能适应市场经济发展。

▲ 家具企业为了占领市场，往往通过广告宣传、建专卖店营业推广等方式来拉动销售，因而成本较高。集成家具有质量可靠、价格合理等特征，口碑好的厂家常有自己的销售渠道。

▲ 集成家具是根据房屋独有的格局进行定制设计，在空间布局、尺寸、色彩上可以做到独一无二。

1.1.4　消费者需求至上

在传统营销模式下，很多家具企业只是根据简单的市场调查进行产品开发，设计出来的家具局限性很大，很难满足大众需求。在全屋定制集成家具中，设计师有很多机会与消费者面对面沟通，容易知道消费者的要求，进而能开发接近消费者需求的产品。

（1）传统家具劣势

传统家具的样式与型号基本没有多大变化，都是按照一个模板“复制”而来，但每个家庭的需求都是不一样的。因此，部分家具无法满足消费者实际需求。

（2）集成家具优势

集成家具有机融合了家居企业的服务优势，以及其他家居企业的产品优势，能够满足消费者对整体家居的产品需求和服务需求，具有整体性更强、品质更优、装修更少、更具个性化的鲜明特征。

1.2 定制集成家具的发展

中国早期的家具是由传统手工作坊的木匠来制作完成的，也可称为是“定制”家具。集成家具的设计与传统成品家具相比更为复杂，设计师并不是简单地将产品设计出来就可以了，必须考虑设计的功能、艺术和技术三个要素相结合。

家具设计的功能、艺术、技术这三个要素决定了设计进入市场后能不能得到消费者的青睐，从而为设计师带来回报。随着社会的进步与发展，人们对居家环境的要求逐步提升，在讲究实用化的基础上，更加注重它的审美功能和艺术价值。中国家具既是宝贵的中华民族文化遗产，同时也是全人类的共同财富。

▲ 传统手工作坊制作家具，利用简单的工具进行切割、组装、打磨、抛光、上漆等手工工艺，家具制作时间长，人工费用高。

▲ 现代集成家具讲究设计的功能、艺术与技术的结合，可设计出更多实用性、人性化的家具，且制作速度快、工艺好。

▲ 传统家具经过不同历史时期的演变，衍生出每个时期特有的艺术风格。伴随着大众需求的不断提升，家具设计更注重将实用与装饰功能相结合。

☑ 家具发展步骤

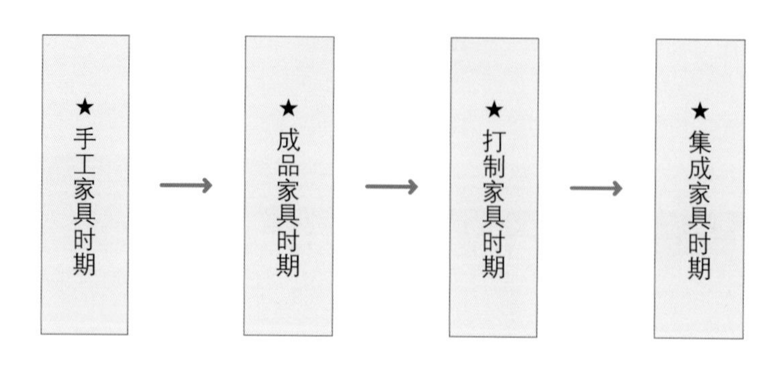

1.2.1 手工家具时期

中国在各个时期中不同的生活方式决定了家具的发展方向。中国家具起源于夏朝，之后经历了商周时期青铜文明的洗礼，逐步出现家具的雏形。

到了明清时期，中国家具达到了鼎盛时期。明清家具作为中国家具的代表，在当今人们的生活与工作中无论从实用、鉴赏以及收藏上，还是在象征主人的生活品位与地位方面仍然有着重要的意义，也将中国家具推向了艺术巅峰。

▲ 明清时期的家具富有流畅、隽永的线条美。

▲ 清末家具装饰性浓，细节烦琐，雕刻造型较多，工艺的形式感强。

1.2.2 成品家具时期

改革开放之后，中国的工业制造水平不断提高，家具生产也开始进入工业时代，随着成品家具大量涌入市场，一些款式新颖、功能多样的家具受到广大消费者的追捧。

相对于木工现场打制，成品家具要更省时、省力、省钱；而且这些家具在细节和做工上也比较精致，外观更为精美。对

▲ 传统手工打造的家具质量好，使用年限长，但是人们对家具的消费观念在逐渐改变，传统家具无法满足人们对家具的个性化需求。

于商城购买的成品家具，如果需要改变室内布置形式，家具应是可以移动换位置的。同时，传统手工打制家具已开始逐渐退出市场，购买成品家具逐渐成为主要的家具消费方式。

▲ 成品家具制作水平比较高，做工精致，确实比传统家具精美、新颖，但是随之而来的是家具无法在现有的格局中合理地摆放。

▲ 集成家具相对于传统手工打造家具，款式更加新颖、风格种类更多，集成家具在市场上更受消费者青睐。

1.2.3 打制家具时期

家居环境的美化，使成品家具已不能满足人们对家具新的需求。人们渴望家具能按照空间进行装修装饰，可根据家居空间的大小和布局进行个性化设计。

由于成品家具不能满足消费者日益提高的个性化需求，木工师傅开始为消费者上门打制家具。当具有设计、施工能力的装修公司出现之后，也开始为消费者提供现场打制家具服务，以卧室的衣柜、衣帽间为主。

▲ 木工在房间里进行尺寸测量、板材切割，在现场打制衣柜，类似于将小型作坊搬到了室内环境中，减少了运输过程。

▲ 以衣柜为主的打制服务，是可以根据家居空间的大小和布局来进行个性化设计，使家居空间得以更好地利用。

集成家具小贴士 

打制家具与集成家具

打制家具是根据消费者的居家环境与消费者喜爱的风格来进行量身打造的；可以合理地利用空间，根据消费者的需要进行房屋的内部合理设计，使得设计更加人性化，更容易得到消费者的认可与好评。

在制作工艺上，集成家具采用人工与机械相结合、大型电子开料锯、自动封边机等，使生产能力大幅提高，节省了劳动时间，减低了单品成本。这在无形中将家具的价格降低，工艺水平提高。而打制家具的材料便宜，但人工费较高，经过计算后可以看出，其具有“低材料成本、高工费”的特征，而且还没有售后服务这一项。

集成家具是在厂区做好后运输到消费者家中，首先设计时要合乎消费者当时的设计理念与方案，否则无法交付使用；根据消费者的需要设计好之后在工厂进行打造，是个性化需求与成品家具产品延伸服务的结合。

1.2.4 集成家具时期

相对于传统家具和成品家具的局限性，集成家具优越的空间适应性赢得了大多数消费者的喜爱。集成家具可以根据房间的大小、格局实行量身定制，产品的花色、风格可按照消费者的喜好来进行挑选。

一些懂设计风格的消费者更可以亲自来设计所喜爱的风格，更加人性化。对于一些不规则房型，集成家具有优良的适应性；除了美观性之外，还令房间多出了储物空间，将空间利用到极致。

▲ 集成家具能根据空间布局来进行定制，风格能得到统一并配置软装。

▲ 集成家具在面对不规则房型时更能体现出定制的优势，可根据室内格局进行设计，合理利用空间，发挥出集成家具独有的魅力。

表1-1 集成家具时期阶段分类

阶段	时间	行业状况	效果展示	特点
萌芽时期	20 世纪 80 年代末	定制整体橱柜出现		整体橱柜的出现，使得厨房告别了传统厨房油烟排出系统的不合理搭配，统一风格的厨房让整个空间利用率得到了极大提升
	20 世纪 90 年代末	定制衣柜出现		定制衣柜能最大限度地利用空间，将收纳作用发挥到极致
发展时期	2010 年至今	全屋定制的领导性品牌出现		中国集成家具巨大的市场前景已充分显现出来，消费者对集成家具的接受程度越来越高；全屋定制行业的领导性品牌开始出现，品牌差距也逐渐拉大

1.2.5 集成家具的制作形式

首先，集成家具在生产方式上已不再是单纯的加工制造层面，而是以大规模定制方式为核心，其本质是以大规模生产的成本与速度来满足大众化定制市场的需求。

其次，集成家具推动了企业设计技术、制造技术、营销技术和管理技术的彻底改变。标准化、模块化、信息化、柔性化是其技术核心。单看制造技术，定制企业要具备自动化制造技术、合理化制造技术和可重构制造系统，以保证其加工能力有足够的延展空间。

最后，集成家具能同时对不同规格、品种的零件进行高效率加工。为了降低成本、减少多样性，所配置的软件、硬件都应具有很好的重用性，原材料和半成品也要有很好的通用性。

1.2.6 营销方式的转变

集成家具与成品家具的营销方式不同，它的核心是互联网技术的应用，利用虚拟现实技术和电子商务技术进行营销。设计是集成家具中重要的营销手段，店面设计师与设计顾问利用专属的设计软件，根据消费者的喜好、生活习惯、装修风格、居室环境等因素，设计出满足消费者需求的产品，或者由消费者自行设计。

但这个产品仅仅是“虚拟产品”，消费者在零售终端店面购买该产品后，其订单数据将汇聚于工厂。工厂把订单按照零部件进行拆分，车间对零部件进行加工制造，最后将不同的零部件分别发送到消费者手中。

集成家具企业会利用电子商务技术和信息技术，构建专门的电子商务系统平台以带动营销，在网络平台上完成订单。

▲ 店面营销将产品优势集中展现给消费者，面对面地沟通能快速了解消费者的潜在需求。

▲ 相对于传统营销手法而言，线上销售是近几年较火爆的营销手段。

1.3 定制集成家具行业现状

近年来中国家具市场一个最大的趋势就是集成家具的快速增长，人们对集成家具市场接受程度逐年提升，集成家具对传统成品家具及活动家具的冲击趋势越发明显。

大型集成家具企业陆续开展了大家居战略，从原来的入墙收纳柜体（橱柜、衣柜、书柜等）向其他家具品类延伸。整体家装、3D家装设计软件的普及推动了家具消费从购买单品家具向基于整体居住空间的成套采购发展。

1.3.1 企业资质参差不齐

集成家具虽然在国内起步较晚，但巨大的市场吸引了众多有前瞻眼光的企业家们纷纷加入，行业内竞争变得激烈。在国内第一批开始从事集成家具的企业如今已占有重要市场。

▲ 某家具是国内综合型的现代整体家居一体化服务供应商，主打年轻的家居风格。

▲ 某衣柜通过个性化设计及高效运营为消费者提供美好体验。

表1-2　集成家具知名企业与小微企业的区别

类别	公司实力	设计人员能力	产品质量	诚信度	环保	服务
知名企业	有雄厚的资产作后盾	高学历，从业年限长，能设计出高品质的作品	有自己的原料生产基地及固定加工合作伙伴，生产环节严谨、规范	企业形象好，诚信度高	优	较生硬，不够人性化
小微企业	企业投入小	多为一般专科或职业院校应届毕业生，产品设计抄袭现象严重	无法避免会以次充好，使用质量较差的板材	差，实际使用材料与双方合同商定时所选材料不符	差	灵活多变，可以满足消费者的多元化需求，提供更多服务

1.3.2　自动化生产与管理

定制企业的设计与生产由电脑系统控制，这边设计下单完毕，那边即可开始拆单生产，生产效率大大提高，全程基本可实现自动化生产。其生产的产品是一个个模块或零部件，再输送到消费者家里，由专业的安装工人安装，生产效率大幅提高，大大缩短了交货周期。

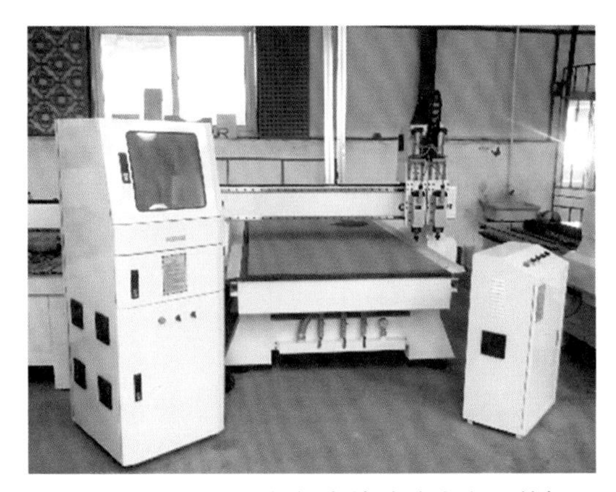

▲ 自动化机器生产能够有效地减小产品数据上的失误，生产效率得到较大提升。

▲ 科学生产与管理能创造出更好的产品，更容易得到消费者认可。

1.3.3　家具基材环保

集成家具的原材料包括基材、封边条和五金配件等。其中，常用基材有刨花板、纤维板、细木工板、实木板等。与其他板材相比，刨花板的性价比最高，为大多数人所接受。随着大众对环保安全的重视，国家对家具行业相关标准的不断颁布，各大企业也越来越注重无醛材料的研发和使用。绿色安全的禾香板便是其中之一。

禾香板是以农作物秸秆碎料为主要原料，施加环保黏结剂，经高温高压制作而成。它不仅平整光滑、结构均匀对称、板面坚实，还具有尺寸稳定性好、强度高、环保、阻燃和耐候性好等特点，可广泛代替木质人造板和天然木材。

▲ 禾香板是一种不含甲醛的新型生态、环保人造板材，让消费者避免了甲醛危害。

▲ 刚进入市场的禾香板经常被使用在老人房和小孩房，目前已经在定制集成家具行业中广为使用。

1.3.4 设计与研发创新

与传统家具相比，集成家具企业更懂得以消费者为中心，将消费者的需求作为设计的出发点，更加注重设计个性和价值塑造，给消费者带来流畅、舒适的生活环境，从而满足消费者的品位和追求。

大型集成家具企业非常注重设计研发与实现手段，力求对外实现产品的多样化以供消费者更多选择，对内则强调简单化产品以提高生产效率、缩短交货周期，尤其在设计效果呈现方面，往往会有较大投入。

由于大量企业涌入集成家具行业，品牌日益增多、竞争日趋严峻，其中部分企业缺乏专业的设计团队，在产品设计上缺乏研发、创新能力。

▲ 传统家具设计注重展示性，而忽略了家具的实用性，目前家具的收藏性也是必不可少的因素。

▲ 在集成家具设计中，设计师更加注重将设计的实用性与艺术性相结合，从而创造出具有艺术气息的家具设计。

目前，全屋定制无疑是家居行业最受瞩目的产业之一，定制行业依然在延续高速增长的神话。伴随着集成家具的崛起以及行业内优胜劣汰的加剧，企业如何顺应行业的发展大势，借助工业时代的深度转型和升级，在定制的风口上飞得更远，依然是需要创新的内容。

随着个性化定制消费的崛起，整个定制行业未来依然有着长足的发展空间。目前，中国约有5亿家庭，平均每个城市每年有约超过6万个新居家庭，一户全屋定制集成家具平均消费额为12万元左右。

传统成品家具销量会有所下滑，但集成家具类消费预计将以每年25%增速持续增长。未来集成家具的销量与研发设计，必然会形成一个新型产业链。

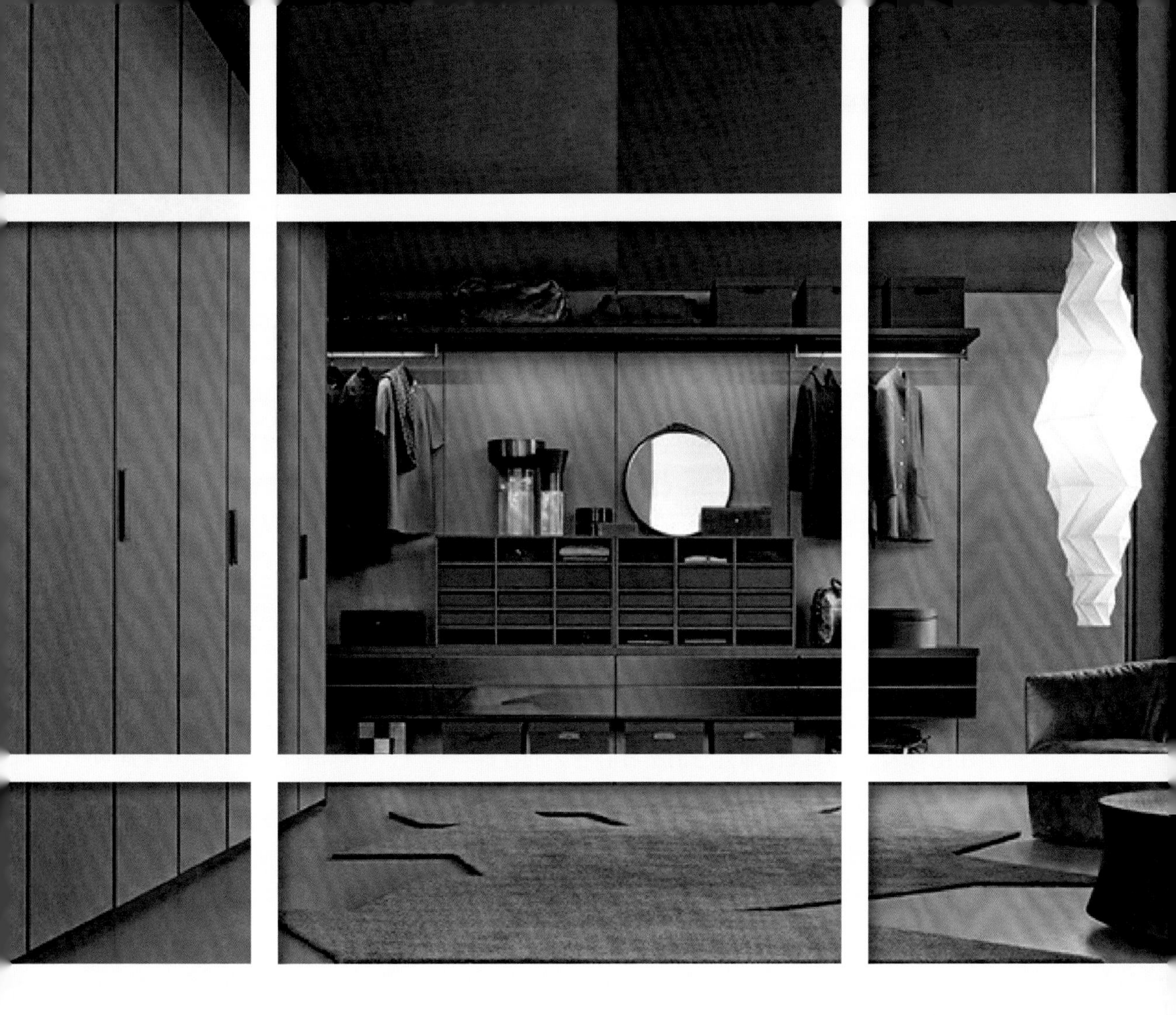

第2章

定制集成家具设计概述

识读难度：★★☆☆☆

核心要点：设计概念、原则、风格、展示、环保、创意

章节导读：定制集成家具已逐渐取代传统装修家具，从设计、选材、规格、色彩、功能与环保等方面开始升级，实现了家居风格统一；每一件家具都经过单独定制，都是全屋定制体系的构成部分，在每一个空间都能实现主题风格。

2.1 家具设计原则

☑ 家具设计原则、步骤

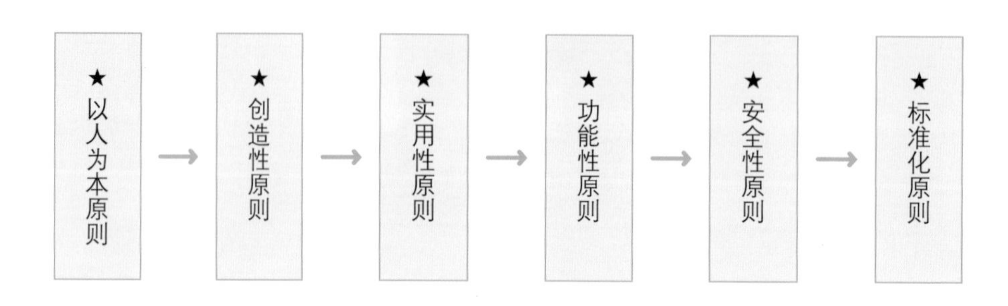

人们对集成家具的设计要求越来越高。传统家具的单一使用功能已不能再满足消费者的个性化需求。家具设计师会与消费者有较多的接触与交流，了解消费者爱好及其家居风格，再通过上门测量，设计出更合适的集成家具。

2.1.1 以人为本原则

在家具设计中一直以来都秉持着“以人为本”的原则，要求在设计中将消费者的需求作为根本出发点，坚持消费者就是上帝的理念，一切以满足消费者的需求为根本目标。例如，橱柜是为了储存厨房用具，而衣柜则是用来收纳衣服，不同家具有不同功能。因此，家具设计一定要根据人的需求来进行设计。

▲ 橱柜拥有强大的储存功能，能有效减少厨房操作台面凌乱，还厨房整洁明亮的环境。

▲ 衣柜是目前家具环境中储存最多的家具，能将一年四季的生活用品收纳起来，有序摆放能让自己更快速地找到所需物品。

2.1.2 创造性原则

通过拆分、折叠、拉伸等不同形式的转变，使家具不再只具备一种功能，不再只局限于一种形式，为消费者解决了许多家居空间中的功能问题。在使用多功能家具时，人们会根据需要对家具进行拆、拉、折等动作从而达到其使用目的，因此多功能家具一定要设计得轻巧灵活且易操作，这样使用起来既省时又省力，还能提高使用效率。

▲ 具有隐藏带收纳式的折叠餐桌，折叠起来与整体的家具风格相融合，简单却又不失新意。

▲ 将隔板翻转过来就可作为餐桌来使用，可容纳多人就餐，不占用公共空间，能满足生活需要。

2.1.3 实用性原则

实用性是家具设计原则中最基本的原则，家具设计必须要满足它的直接用途，并适应不同使用者的不同需求。简单来说，换鞋凳的基本要求是人们可以坐下来换鞋子，而收纳性换鞋凳是在这个基本功能上，衍生出的新设计。

如果家具连使用者的基本功能性需求都无法满足的话，就算造型设计再美，材料再好，也只是华而不实，放在那里也只不过是件摆设罢了。

▲ 将玄关柜设计为带座椅与收纳凳的一体式玄关，在注重使用功能的前提下，优化玄关设计。

▲ 阳台可以设计为集洗涤、晾晒、收纳、休闲为一体的超实用空间，将洗衣机搬离浴室，让空间得到更有效的利用。

2.1.4 功能性原则

在小户型住宅中，由于房屋面积小，往往在使用功能上无法达到区域的功能划分，同时无法使一个区域满足多个功能空间的要求。多功能家具相对传统家具而言，家具的功能性将会更加强大。因此，功能性对于多功能家具来说是一个必须遵循的设计原则。

▲ 榻榻米强大的储物功能与美观性越来越受到人们的认可，越来越多的儿童房会使用榻榻米。

▲ 家具使用的功能组合与功能多样化是设计师需要考虑的问题，这样才能提高家具在小户型住宅里的使用效率。

2.1.5 安全性原则

家具材料的质量一定要检测过关，家具材料的受力程度是否足够、家具的结构是否合理以及家具是否有尖锐的棱角都是需要被考虑和注意的问题。家具是给人的生活提供便利，而不是给人的身体健康带来危害和影响，所以在家具设计中一定要注意决不能忽视安全性。

▲ 儿童房的安全性与环保性一直是人们关注的热点。儿童具有活泼爱动的特性，在家具设计上要避免尖角的出现，同时房内的家具要固定起来，避免发生安全事故。

2.1.6 标准化原则

标准化设计是指根据国家标准，将产品的材料、尺寸、结构、产品绘图、技术文件进行标准化，使产品的标准化板块增多，简化生产工艺、缩短生产周期、丰富产品组合。模块化家具通过不同的组合方式得到的家具形式各不相同，可迅速实现集成家具多样化目标。标准化与模块化设计的原则，应利于集成家具的大规模生产，以达到市场对集成家具更新快、多样化、个性化的需求。

2.2 家具色彩设计

家具色彩配置要符合空间构图的需要。室内家具色彩设计，要预先确定好空间色彩的主色调。色彩的主色调在室内气氛中起主导、陪衬、烘托作用。背景色作为大面积使用的色彩，对室内的其他家具起到烘托、陪衬的作用，在色彩比例上占52%左右；主体色约占色彩比例38%；强调色约占10%。

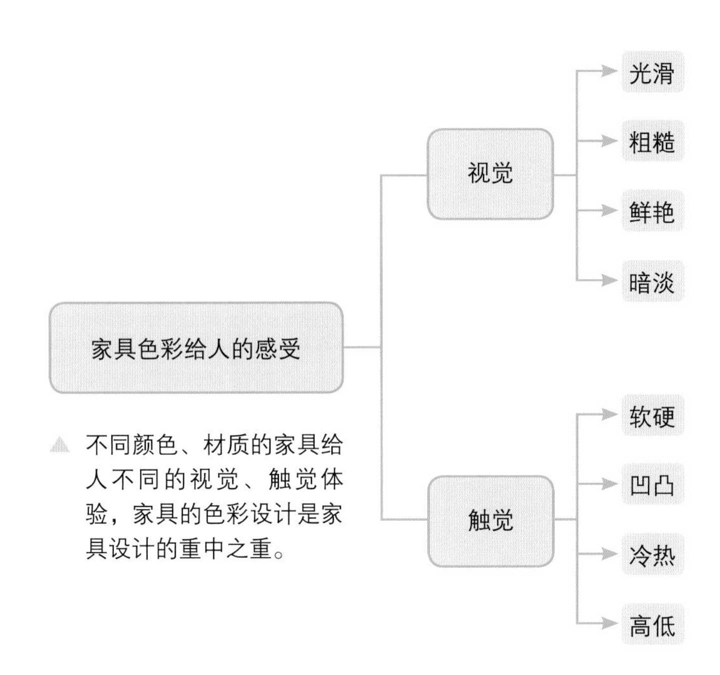

▲ 不同颜色、材质的家具给人不同的视觉、触觉体验，家具的色彩设计是家具设计的重中之重。

2.2.1 玄关

在搭配玄关家具颜色时尽量以明朗鲜艳为主，因为鲜艳象征着健康、阳光、正能量。尽量不要使用太过深沉的暗色系，如黑色、深蓝色、深紫色等，因为玄关是走进室内视野最先看到的地方，颜色低沉容易给人造成心情压抑感。如果实在是喜欢深色调，尽量添加一些其他明亮的颜色，缓解深色带来的压抑感。

表2-1 玄关色彩搭配案例一览

玄关色彩	图例	作用
颜色亮丽		鲜艳的颜色能给人愉悦的心情，较为活泼的色彩能使人放松
深色与中性色相搭配		深色的家具搭配其他中性色彩，可缓和深色带来的压迫感，视觉上更耐人寻味
白色为主		白色是一种包含光谱中所有颜色光的颜色。玄关的家具使用大面积白色时，能带给人明亮、干净的感觉

2.2.2 客厅

客厅家具色彩的搭配会传达出主人的性格、喜好和审美取向，设计风格不同，色彩运用也不同。暖色可以创造温暖的感觉，而冷色可以给人宁静、清新、干净的感觉。

当客厅的主色调为橙黄色时，家具与沙发的颜色应选用比它深一点的色系，可以达到整个空间的统一、和谐，使整个空间具有温馨、柔和的感觉。如采用明快的色调，地面可以设计为大地色系；家具采用奶白色，整个空间更加细腻且轻快活泼，会给人“简约而不简单”的感觉；还可以搭配其他家具和台灯、小摆件、抱枕等装饰品来点缀空间。

▲ 暖色的家具在视觉上给人一种温馨的氛围，制造出浪漫的气息。

▲ 冷色调看起来给人一种安静、干净的感觉，让人感觉到很清爽。

2.2.3 餐厅

目前，大多数住宅户型的餐厅和客厅都是互通的，餐厅在色彩搭配上与客厅的设计风格相随，并用酒柜、灯光等做软处理。在复式或别墅住宅中，独立餐厅在色彩设计上常使用暖色系。暖色有促进食欲的作用，可以营造温馨的就餐环境。

▲ 良好的餐厅氛围可以促进个人的食欲，设计师可以利用家具的色彩设计打造不同的功能空间。

▲ 别墅具有空间大、面积广的特征。空间大难免会感觉冷清、孤独，而暖色调设计能使整个空间氛围得到提升。

2.2.4 卧室

柔和的色调最适合卧室。所以，对于卧室而言，整体的主色调应该选择一个柔和的颜色；而刺激性的颜色是不能用到卧室里的，亮颜色会影响到人的情绪。

▲ 卧室里柔和的色彩能够给人温馨舒适的感觉，可以让人更容易静下心来并进入舒适的睡眠状态，尤其适合睡眠质量不佳的中老年人。

▲ 卧室中不同时段的采光会带来不一样的感受，设计色彩时应考虑到自然采光和人工光源相结合。

2.2.5 书房

书房是学习、阅读、工作的地方，在书房中的人都希望有一个既安静又轻松的环境。书房的颜色在一定程度上决定了人们对整个书房的感觉。书房家具的色彩设计一般以冷色调为主，显得安静、平和，在颜色选择上应该避免强烈刺激的颜色。

表2-2 书房色彩搭配案例一览

书房色彩	图例	作用
蓝色为主		蓝色具有稳定情绪的作用，运用在书房时是最合适不过了；能让人在这个空间中逐渐放下杂念，快速进入工作状态中
绿色为主		原木色的工作台搭配草绿色墙面，连座椅也都是带着自然的气息，这样的工作环境会让人情绪淡定、心情平稳
浅色为主		全白色的书房家具设计，使整个空间散发着宁静、祥和的气息，使紧绷的情绪得以放松
深色为主		色彩较深的写字台和书柜可帮人进入工作状态，平复心情

2.3 家具风格设计

风格是指具有明显区别于其他人的特征，如穿衣打扮、行事作风、为人处世等。在文学创作中，风格是指表现出来的事物所带有的综合性的总体特点。而在家具设计中，各种风格的家具则代表着某个地域或某个年代的特征。

2.3.1 新中式风格

在中国文化风靡全球的时代，通过中式元素与现代工艺材质的巧妙融合，使中式经典元素得到了更为丰富的空间，为传统家具文化注入了新的时代气息。

家具多以深色为主，空间装饰采用简洁、硬朗的直线条。直线装饰在空间中的使用，不仅反映出现代人追求简单生活的居住要求，更迎合了中式家具追求内敛、质朴的设计风格，使“新中式”更加实用、更富现代感。

▲ 讲究对称性，选用天然的装饰材料，运用组合规律来营造宁静优雅的环境。

▲ 色彩上采用柔和的中性色彩，给人以优雅温馨、自然脱俗的感觉。

▲ 讲究空间的层次感，可根据使用的需求度及人群，运用中式的屏风来分隔功能空间；同时，讲究对称性，选用天然的装饰材料，运用组合规律来营造宁静优雅的环境。

2.3.2 地中海风格

地中海风格整体给人一种海洋一般的清新感觉，含有一种简单的自然浪漫。白灰泥墙、连续的拱廊与拱门、陶砖、海蓝色的屋瓦和门窗等都是地中海风格的主要设计元素，地中海风格家具将人们的生活融入花草之间，感受到来自海岛的风光。

▲ 家具颜色以白色、蓝色为主，其中黄色为主色调，营造出轻松愉悦的氛围。

▲ 蓝与白展现天空与海洋的色彩，让人有一种身临其境的感觉，在家都能亲近大自然，绿植与盆栽设计也是要素之一。

◀ 椅子的座面与腿做成蓝与白的组合配色，让对比极其明显，家具线条大多简单、修边浑圆，使房间明亮清新。

集成家具小贴士 

地中海色彩搭配

地中海的色彩搭配主要有三种，分别是蓝与白，黄、蓝紫和绿，土黄和红褐。蓝与白，展现天空与海洋的色彩，让人有一种身临其境的感觉；黄、蓝紫和绿，为向日葵与薰衣草的色彩，是颇具情调的色彩组合，别具一番风味；土黄和红褐，为北非沙漠等天然景观的色彩，给人浓烈热情的感受，给居室增添活跃的气氛。

2.3.3 欧式风格

欧式风格会给人豪华、大气、奢侈的感觉。欧式风格家具特点讲究手工精细的裁切雕刻，轮廓和转折部分由对称而富有节奏感的曲线或曲面构成，并装饰镀金铜饰；家具的结构简练、线条流畅、色彩富丽、艺术感强，给人的整体感觉是华贵优雅、十分庄重。

▲ 欧式家具给人带来豪华的气息，独特的裁切与雕刻手法及搭配，展现出欧式风格的奢侈风范。

▲ 富有戏剧性和激情，在众多家具风格中，它是最能体现主人高贵生活品位的象征。

欧式客厅顶部喜用大型灯池，并用华丽的枝形吊灯营造气氛；强调以华丽的装饰、浓烈的色彩、精美的造型达到雍容华贵的装饰效果。

门窗上半部多做成圆弧形，并用带有花纹的石膏线勾边。入厅口处多竖起两根豪华的罗马柱，室内则有真正的壁炉或假的壁炉造型，以烘托豪华的视觉效果。

▲ 真正欧式家具完全采用纯实木打造，家具的表面十分典雅、高贵；富有艺术魅力，如艺术品般精美。

2.3.4 现代简约风格

简约风格强调家具的功能性设计、线条的简约流畅、色彩的对比；同时，将设计的色彩、照明、元素、原材料简化到最低程度，但对家具的色彩、材料的质感要求很高。

简约风格家具设计通常非常含蓄，往往能达到以少胜多、以简胜繁的效果。对于快节奏生活中的现代都市人来说，无论是造型奇特的椅子，抑或是色彩艳丽的沙发，满足功能性与审美性的简约家具已经受到越来越多人们的追捧。

▲ 家具线条简约流畅、丝毫不烦琐，将原材料的质感尽量还原到最真实状态。

▲ 不锈钢的材质在视觉上给人坚韧挺拔的感觉，几何的立体造型保证了功能与美感。

▲ 对家具材料提出高要求，才能呈现出家具最本真的颜色，设计感更丰富。

2.3.5 美式乡村风格

美式乡村风格摒弃了家具设计中烦琐和奢华等元素，并将不同风格中的优秀元素汇集融合起来，以人机工程学为基本，强调设计“回归自然”，给人轻松、舒适的家居生活。

在设计上兼具古典的造型与现代的线条、人体工程学与装饰艺术的家具风格，充分显现出自然质朴的特性。美式古典乡村风格带着浓浓的乡村气息，以追求享受为原则，在布料、沙发的材质上，强调它的舒适度，给人宽松柔软之感；家具的体积庞大、质地厚重，展现基材原始的风貌。

▲ 对家具的基材部分不做过多的雕饰，或完全不雕塑，只做一遍清漆处理。

▲ 空间没有过多繁杂的设计，用布艺缓和了家具本身的笨重，带给人一种自然朴实的享受。

▲ 厚实而宽大的沙发是美式乡村风格中的设计妙处，外形虽给人以笨重的感觉，实则是为了让人们体验到更舒适的感受。

2.3.6 日式风格

传统的日式家具多直接取材于自然材质，不推崇豪华奢侈，以淡雅节制、深邃禅意为境界，重视实际功能。日式室内家具设计中色彩多偏重于原木色，以及竹、藤、麻和其他天然材料颜色，形成朴素的自然风格。

▲ 简洁、工整、自然是日式家具的主要特点，营造出悠然自得的生活空间。

▲ 日式风格的空间大多是纯框架的结构，利用序列线条增加了室内的体量感。

日式家具的另一个特征就是讲究整体布局的平衡性，整个家居空间里没有设计很突出的家具，也没有明显的焦点设计，所有产品的材质与色彩都是相协调的。家具大多强调其功能性，造型简单。

▲ 将书桌、收纳柜与榻榻米进行组合设计，在有限的空间里让家具的使用功能得以提升。

2.3.7 东南亚风格

东南亚风格是一种结合了东南亚民族岛屿特色及精致文化品位的家具设计方式。在家具设计中广泛使用木材和其他天然的原材料，如石材、竹子、藤条、青铜与黄铜等。

家具以深色为主，局部位置运用带有金色质感的材质，极富自然之美和浓郁的民族特色。

▲ 墙面、顶面的木质构造与家具均采用深棕色的柚木，烘托出极具民族特色的整体感，给人一种心生敬畏的感受。

▲ 用实木、竹、藤等材料打造的室内家具，会使得居室显得古朴、自然。

东南亚风格家具在工艺上十分注重手工工艺的传承，家具以纯手工编织或打磨为主，完全不带一丝工业化的痕迹，很符合时下人们追求健康环保、人性化以及个性化的价值理念。

近年来，东南亚家具在设计上逐渐融合西方的现代概念和亚洲的传统文化，通过不同材料和色调搭配令东南亚家具产生了更加丰富多彩的变化。

▲ 东南亚式家具大多以纯天然材质加上纯手工制作而成，如竹节袒露的竹框相架名片夹，带着几分拙朴，具有地道的泰国风味。

2.3.8 Loft风格

Loft风格一般适用于高大、开敞的家居空间中，尤其是具有上下双层的复式住宅，室内空间开敞明亮，十分通透；室内空间开放程度大，给人十分透明的感受，上下楼让主人私密空间与楼下的公共空间明显区分。

▲ 将大跨度流动的空间任意分割，打造夹层、半夹层，设置接待区和大而开敞的办公区。

Loft最显著的特征是空间开敞、高大，上下双层的复式结构让客厅空间显得十分大气，类似戏剧舞台效果的楼梯和横梁。在这空旷沉寂的空间中，弥漫着设计师和消费者的想象力，他们听凭自己内心的指引。

▲ 采用高大的落地玻璃打造全方位通透室内空间，整洁而又明亮。

▲ 艺术性是Loft风格的重要特征，通过对厂房、库房的改造，展现出粗犷、原始的艺术美感，带来激动人心的艺术创作。

2.3.9 北欧风格

北欧风格是近几年许多家居装修的热衷风格，其家具造型简洁别致、做工精致、色彩纯度高，受到高度重视。北欧风格家具借鉴了包豪斯设计风格，并融入斯堪的纳维亚地区的特色，形成了以自然简约为主的独特风格。

在空间处理上，北欧风格家具一方面强调室内空间宽敞、内外通透，最大限度引入自然光；另一方面在空间平面设计中追求流畅感，墙面、地面、顶棚以及家具陈设乃至灯具器皿等，均以简洁的造型、纯洁的质地、精细的工艺为其特征；外加现代、实用、精美的艺术设计风格，正反映出现代都市人进入新时代的某种取向与旋律。

▲ 整个空间中的家具以简约为主，加上植物的点缀与动物画作装饰，显示出艺术气息。

▲ 整个客厅的家具风格明亮、自然，家具线条十分明朗，富有时尚气息。

▲ 北欧家具以简约著称，具有很浓的后现代主义特色，注重流畅的线条设计，代表了一种时尚、回归自然、崇尚原始的韵味。

2.4 家具环保设计

“这个产品环保吗？”是消费者常常挂在嘴边的一句话，然而我们却忽视了与日常生活中息息相关的“家具环保”。一般家庭在进行家具设计安装后，家具将会伴随着消费者度过漫长的岁月，其环保性是不可忽视的。

家具是经过原材料加工制作而成的，在加工过程中会使用一定量的化学添加剂，其中有一些化学物质是对人的身体有

▲ 家具的环保性越来越受到人们的关注，环保型集成家具的兴起，将家具行业的发展推向了更高层次，也让购买家具的选择性更多。

害的，在这种情况下，反而促进了环保集成家具的兴起。

在传统装修中，人们选择家具的方式一般有两种：一种是购买成品家具，而在家具店购买的成品家具很难与自家房型吻合；另一种是现场打制家具，却伴随着工期长、不好监管等问题。

随着集成家具市场的逐渐火爆，不仅仅是消费者对于环保问题的关注度越来越高，为了更好地满足消费者对家具的需求，众多品牌家具也早已蓄势待发。各大企业在环保技术的研发上，投入大量的人力、物力，力求在集成家具行业出奇制胜。

▲ 购买成品家具时，空间的利用率成为消费者的首要考虑因素。

▲ 现场制作家具完成后，需要很长一段时间通风后才能入住，家具在环保要求上有时很难达标。

集成家具既能量身定制，充分满足消费者的个性化需求，更能合理规划利用空间，实现工厂化生产、流水线作业。

专业的集成家具厂商在材料上更为考究。为了追求品牌效应，在五金配件上多采用国内外高端五金品牌，在确保产品品质的基础之上，在家具的功能性与舒适性上进行大幅提升，充分融合了成品家具和木工现场家具的优点，克服了不足，真正实现了工业化生产；此外，还可以量身定制，并且更环保、更时尚。

▲ 集成家具在安装过程中不会对安装现场的环境造成大面积污染，能够保持空气流通。采用静电粉末喷涂技术替代传统刷涂涂料，利用静电吸附的方式，将固体粉末原料附着在被喷涂材料表面。

▲ 量身定制的家具能够将室内的空间加以合理化应用，环保性更强。通过高温工艺固化成膜，板材实现快速全封闭，省去了用免钉胶粘接收边条的环节。

2.5 家具尺寸设计

家具尺寸设计与人体尺寸密切相关，下面列出常用定制集成家具的参考尺寸（以下尺寸单位均为mm），适用于不同空间，供参考。

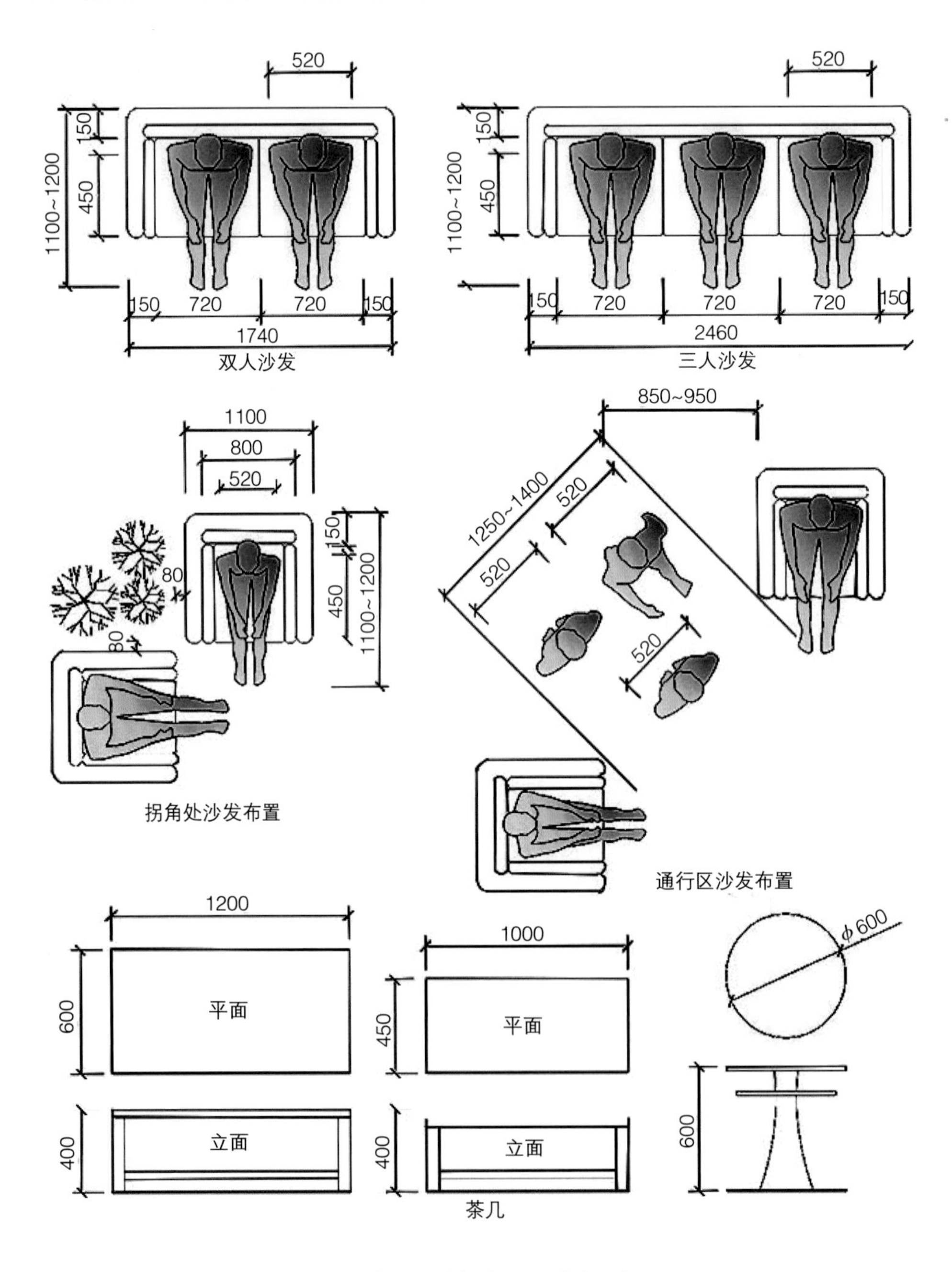

▲ 起居室空间家具尺寸（一）

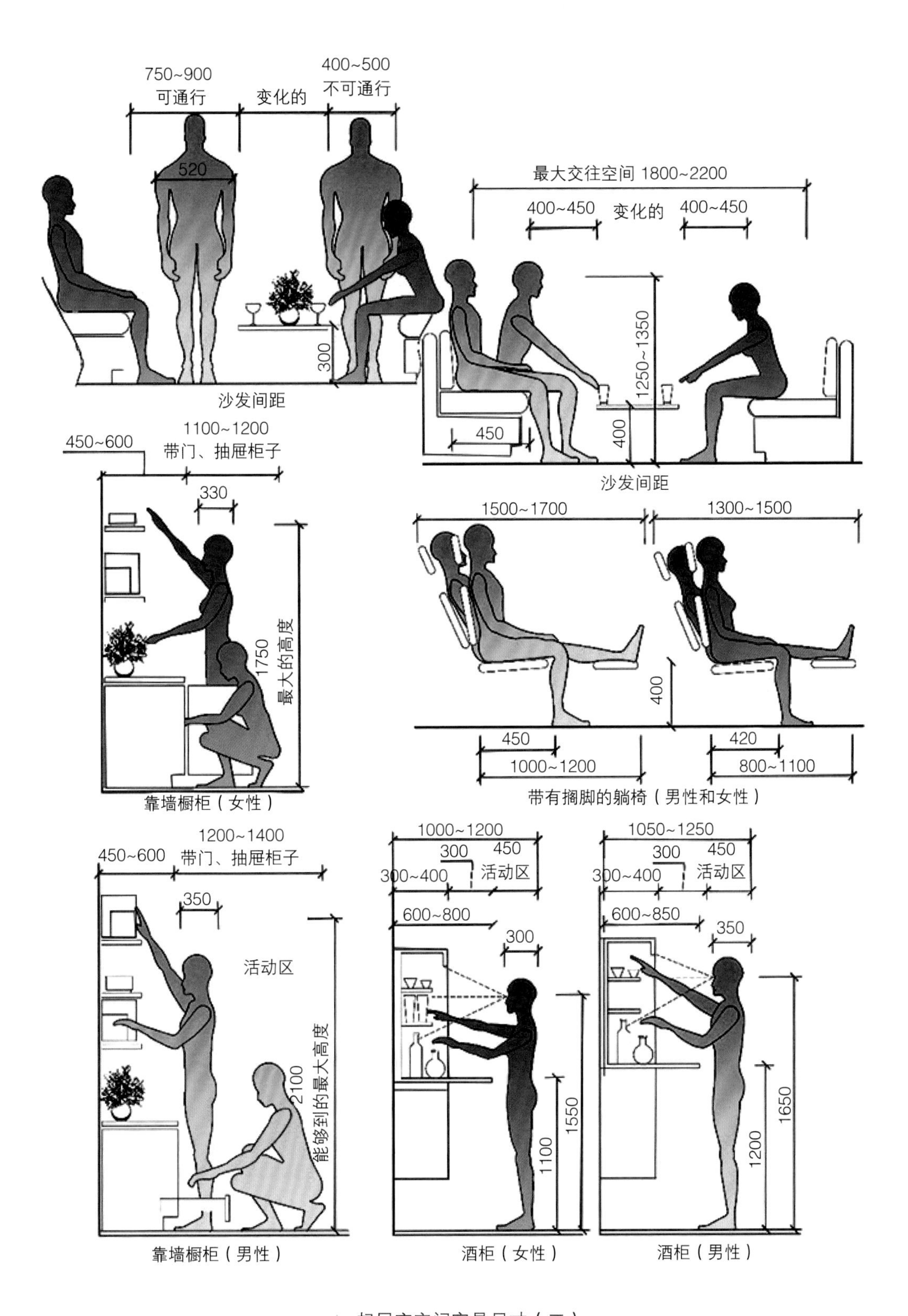
750~900
可通行
变化的
400~500
不可通行
520
300
沙发间距
最大交往空间 1800~2200
400~450
变化的
400~450
1250~1350
450
400
沙发间距
450~600
1100~1200
带门、抽屉柜子
330
1750
最大的高度
靠墙橱柜（女性）
1500~1700
1300~1500
400
450
1000~1200
420
800~1100
带有搁脚的躺椅（男性和女性）
450~600
1200~1400
带门、抽屉柜子
350
活动区
2100
能够到的最大高度
靠墙橱柜（男性）
1000~1200
300
450
300~400
活动区
600~800
300
1550
1100
酒柜（女性）
1050~1250
300
450
300~400
活动区
600~850
350
1650
1200
酒柜（男性）

▲ 起居室空间家具尺寸（二）

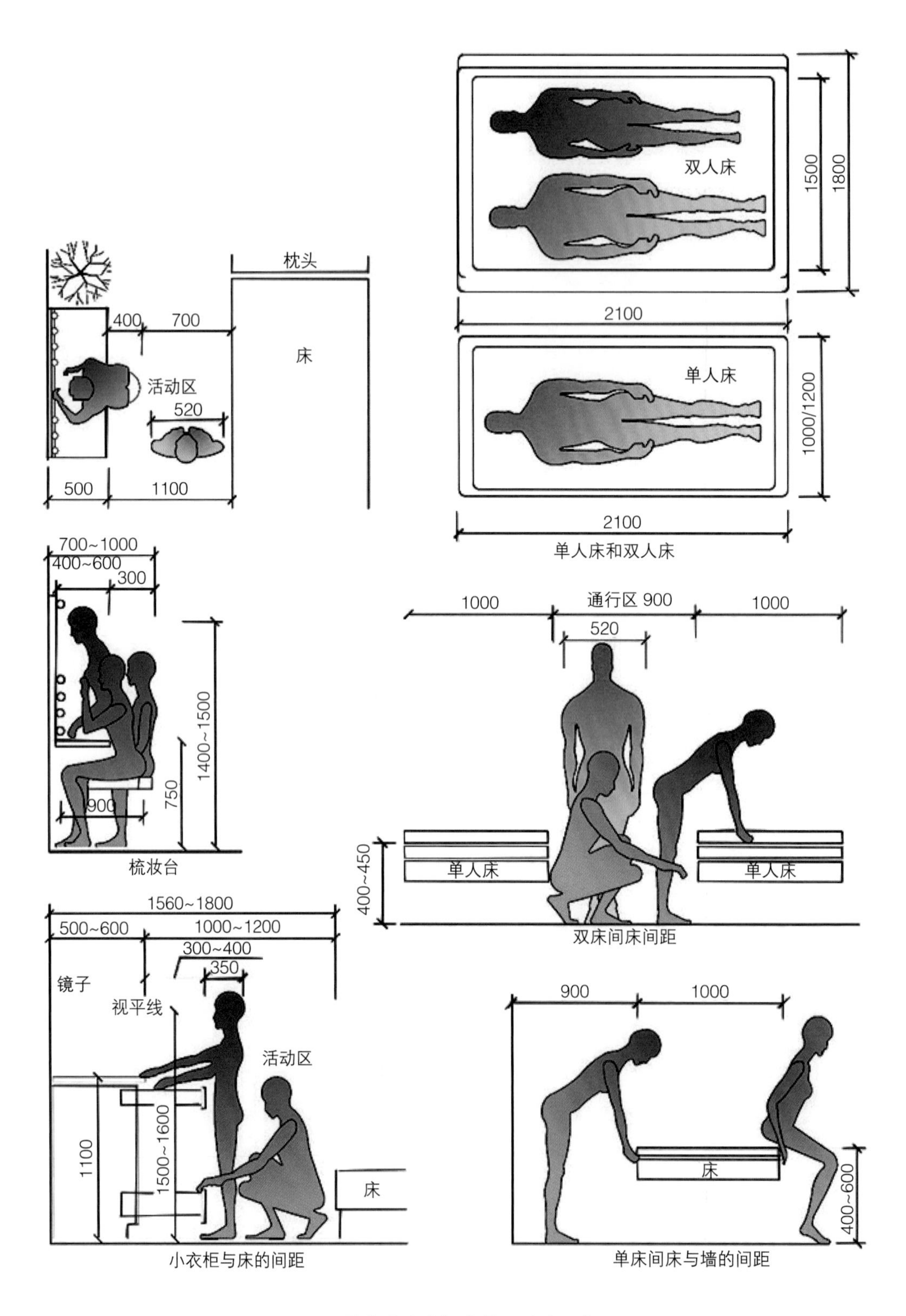

▲ 卧室书房空间家具尺寸（一）

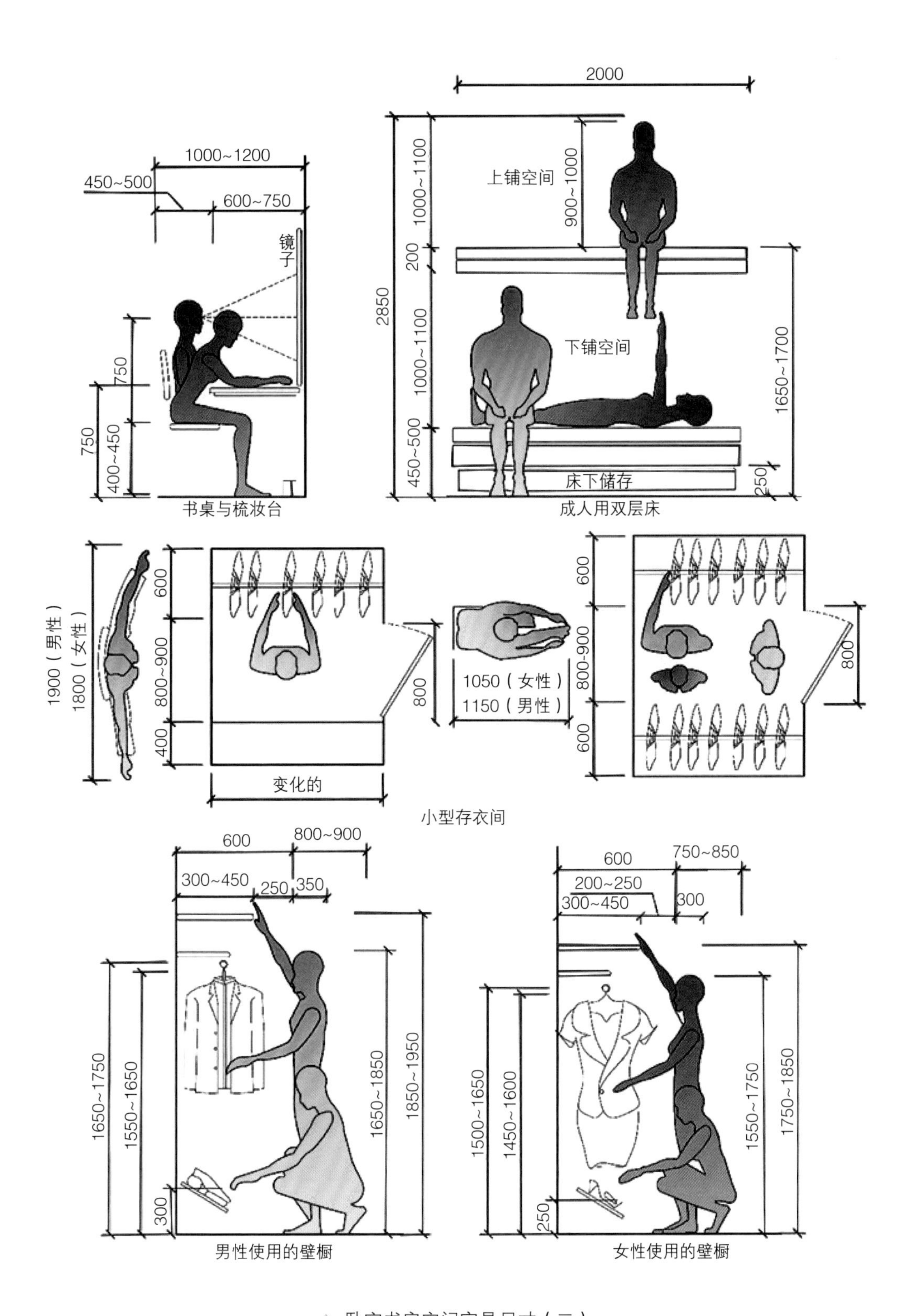

▲ 卧室书房空间家具尺寸（二）

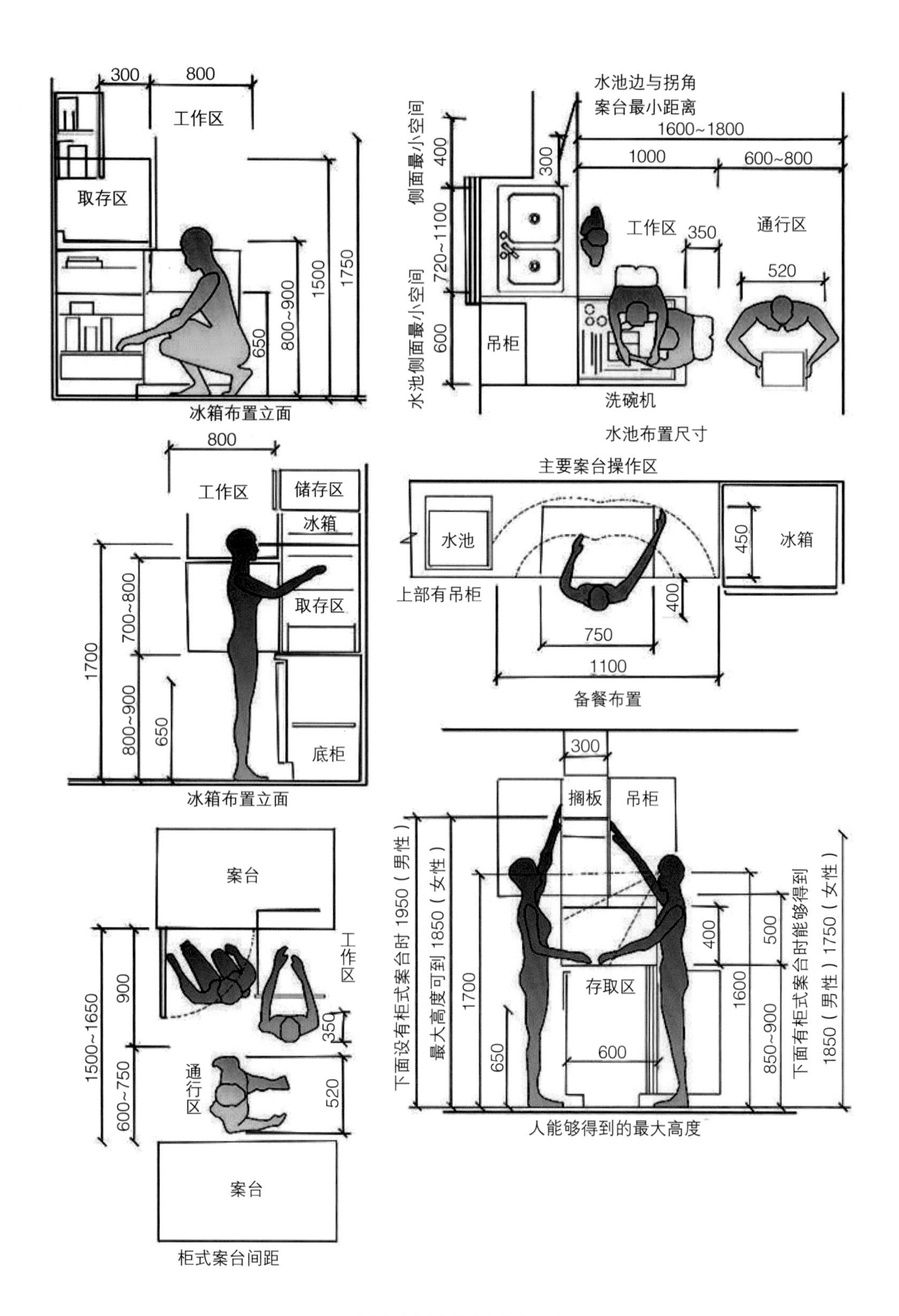
300
800
工作区
取存区
650
800~900
1500
1750
冰箱布置立面
水池边与拐角
案台最小距离
侧面最小空间
400
300
1600~1800
1000
600~800
720~1100
工作区
350
通行区
520
水池侧面最小空间
600
吊柜
洗碗机
水池布置尺寸
800
工作区
储存区
冰箱
取存区
1700
700~800
800~900
650
底柜
冰箱布置立面
主要案台操作区
水池
450
冰箱
上部有吊柜
400
750
1100
备餐布置
300
搁板
吊柜
下面设有柜式案台时 1950（男性）
最大高度可到 1850（女性）
1700
650
存取区
600
400
500
1600
850~900
下面有柜式案台时能够得到
1850（男性）1750（女性）
人能够得到的最大高度
案台
工作区
1500~1650
900
350
600~750
通行区
520
案台
柜式案台间距

▲ 厨房空间家具尺寸（一）

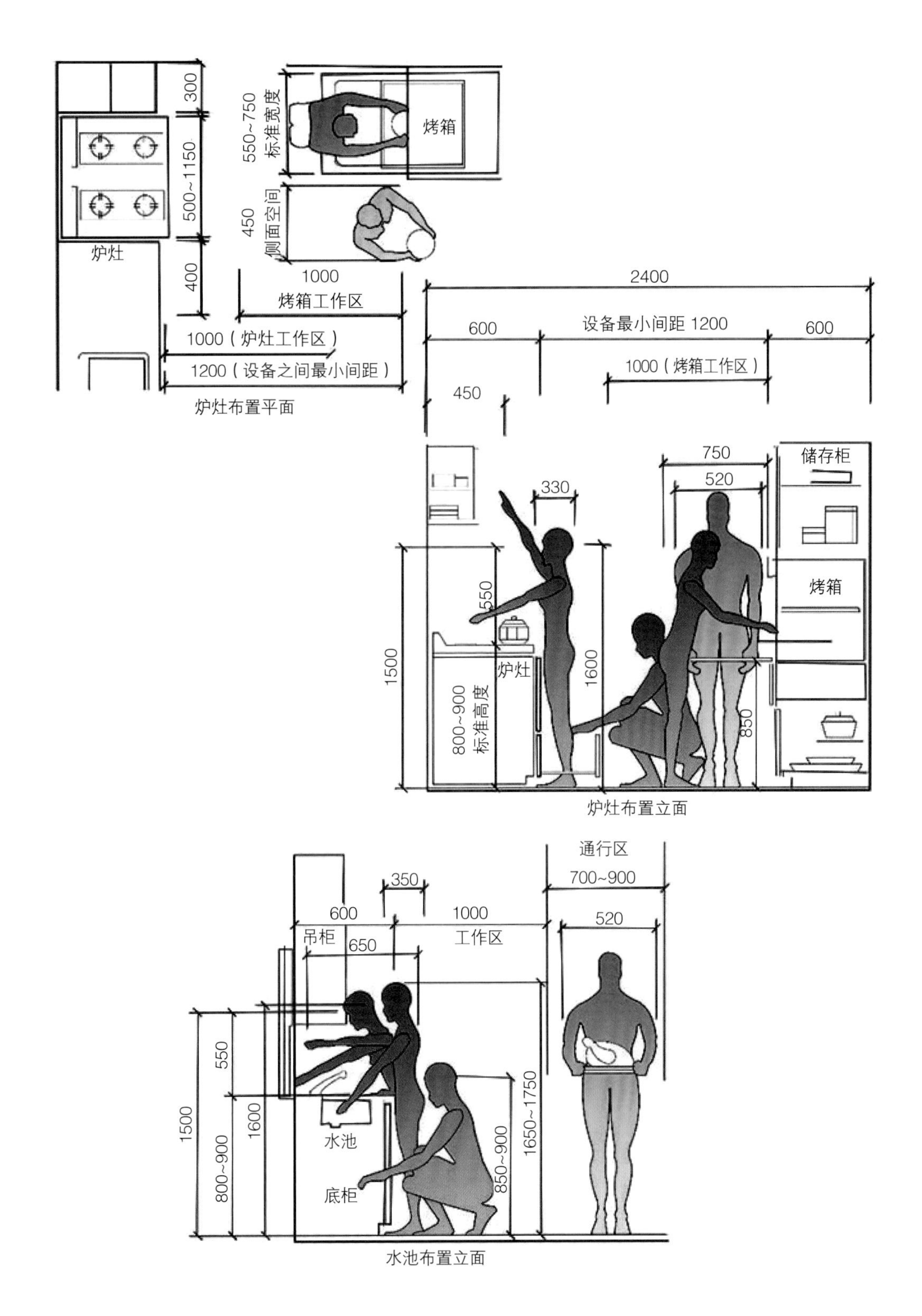

300
500~1150
400
炉灶
550~750
标准宽度
烤箱
450
侧面空间
1000
烤箱工作区
1000（炉灶工作区）
1200（设备之间最小间距）
炉灶布置平面
2400
600
设备最小间距 1200
600
1000（烤箱工作区）
450
750
520
储存柜
330
550
1500
炉灶
800~900
标准高度
1600
烤箱
850
炉灶布置立面
通行区
700~900
350
600
1000
吊柜
650
工作区
520
550
1500
1600
水池
800~900
底柜
850~900
1650~1750
水池布置立面

▲ 厨房空间家具尺寸（二）

第3章

设计、预算、签约

识读难度：★★☆☆☆

核心要点：消费者需求、量房、绘图、设计、预算、报价、核算成本

章节导读：再优秀的设计作品，如果没有人欣赏，最终也会被埋没。家具设计作品也是一样，设计师不仅仅要会设计，还要有一定的营销技巧。对于集成家具而言，设计、签单是其中最重要的环节，无论哪方面的原因，签单不成功就意味着这个设计不再被接受。签单则是集成家具的重点，而如何与人沟通是签单的首要因素。

3.1 了解消费者潜在需求

家具设计师在与消费者交流时，要对消费者的基本情况有初步了解，包括姓名、职业、年龄、性格、爱好、工作时间、家庭情况等（如家庭主要成员的工作类型、年龄等）进行简单记录。

这样能方便后期与消费者交流，拉近感情，同时也能为后期的设计提供资料。根据实际情况可以设计一个内部表格，能快速地记录消费者的基本情况。

优秀的设计师应该做到“一说、二问、三听”，即在与消费者交谈的时候要适时地抛出问题，了解消费者的潜在需求；消费者在自述时应安静地倾听，思考消费者这段话想要表达的意思。

▲ 倾听可以建立并不断增强设计师和消费者的信任感。倾听能表达签单人员对消费者的尊重，进而引发消费者与签单人员的相互信任。

设计师越愿意倾听，消费者就越愿意把心中的异议告诉签单人员，以朋友间轻松的方式与消费者交谈，会有意想不到的效果。

首先，在交谈时设计师应当双眼注视消费者，让消费者感觉设计师是在认真地倾听，让消费者有受到尊重的感觉，抓住消费者谈话中的有效信息，为下一步谈话做好准备。然后，遇到消费者讲述模糊内容时，设计师应及时询问并澄清问题，确定消费者心中的意思，找到消费者的内在需求。接着，设计师要向消费者询问问题，这样能控制双方谈话的方向，找到消费者的真正需求。最后，获得量房的资格是关键。量房是谈单成功的垫脚石，如果连量房的资格都没有，那就不会再有下一次交谈的机会了。现场交谈时要与消费者预约好上门量房的时间。

表3-1　消费者信息表

<table>
<tr><td colspan="4">一、消费者信息</td></tr>
<tr><td>消费者称呼</td><td></td><td>联系电话</td><td></td></tr>
<tr><td>家庭主要成员</td><td></td><td>个人喜好</td><td></td></tr>
<tr><td colspan="4">二、基本信息</td></tr>
<tr><td>房屋面积</td><td></td><td>户型</td><td></td></tr>
<tr><td>住址</td><td></td><td>精装房</td><td>是（　）否（　）</td></tr>
<tr><td>家具意向</td><td>全包（　）</td><td>半包（　）</td><td>套餐（　）</td></tr>
<tr><td>家具风格</td><td></td><td>预算</td><td></td></tr>
<tr><td colspan="4">三、沟通情况</td></tr>
<tr><td>沟通
记录</td><td colspan="3">1.
2.
3.
4.
5.</td></tr>
<tr><td>备注</td><td colspan="3"></td></tr>
</table>

3.2　精准定位设计

家具设计师在设计全屋集成家具时，最重要的工作就是如何让消费者放心和满意。这至少包括两个方面的内容：一是设计师提供的设计方案本身以及相关服务；二是消费者对设计师提供的设计和服务的满意程度。这不仅仅是做一个设计方案那么简单，设计师的设计方案虽好，但如果消费者不放心、不满意，方案再好也没有用，对他（她）来说就没有“价值”。

消费者所需要的实际上是设计师的设计方案能给其带来的价值，否则设计师的设计方案将毫无意义。这里的“价值”，可能是一套风格独特的卧室衣帽间家具的设计方案，也可能是一套考虑周密的家具预算报价方案。

这个“价值”一定要是消费者心目中的价值，而不是设计师心目中的价值。例如，一个很有特点的电视背景墙设计方案，设计师认为很好、很有价值，但是有的消费者却认为这很浪费钱，希望再简单一些，因为在其心目中，“节省费用”就是好的家具造型，这却是他心目中的“价值”。

因为消费者总是选择那些价值大的而放弃价值小的，希望花更少的钱做出更多、更好的家具，所以，设计师拿出来的方案在消费者心中的价值大小就非常重要。

▲ 设计师主要是将设计与功能性结合在一起，设计出具有实用与美观性的作品。

▲ 在相对实用与美观的基础上，省钱才是唯一的目标，设计的好坏不在其考虑范围，可以考虑在家具布置的周边界面上添加一些装饰形体或彩绘，来衬托家具。

3.3 快速测量与草图绘制

当消费者确定其购买的家具品牌及相关家具产品后，需要由设计师上门进行测量，详细确定家具每个方面的尺寸，以便设计出来的家具能满足消费者住宅空间的需要。

测量内容主要是针对消费者所需的家具空间尺寸，包括家具墙面的长、宽、高，柱面的尺寸和位置，门窗的尺寸和位置，家具摆放的位置和尺寸等家庭空间尺寸。

3.3.1 徒手画草图

手绘是家具设计师的基本功，在没下单之前，量房的机会只有一次。如果设计师在第一次面谈中没有掌握到消费者的内在需求，那么这一次量房就显得极为重要了。

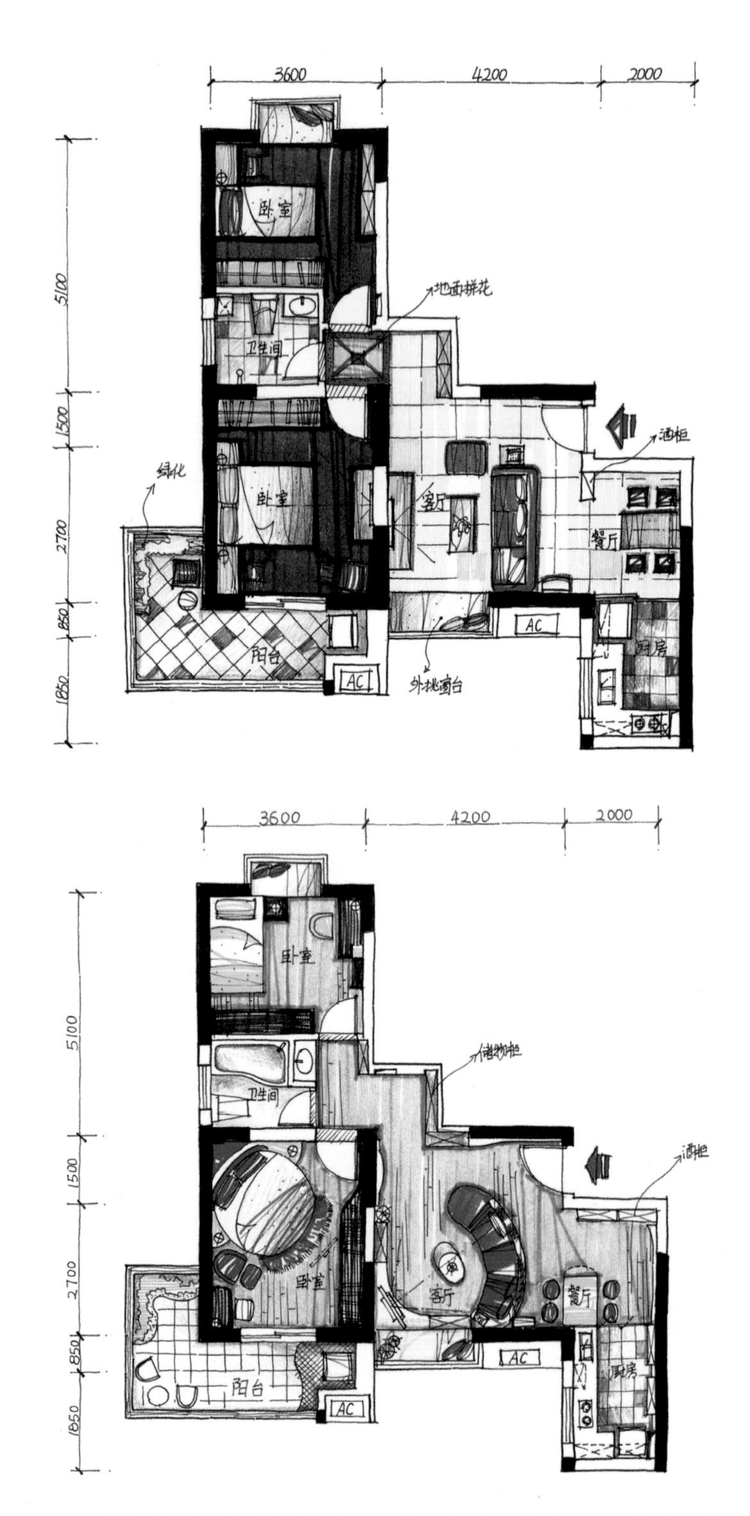

▲ 手绘图是设计师的基本功，一份清晰明了的手绘图，能给后期设计省不少时间；对同一户型最好能设计绘制出多种创意方案，为消费者提供选择改进余地。

边量房边与消费者交流，让自己对房子的功能有明确的认识。例如，家具制作是自住、出租，还是父母住；想要什么样的家具风格，欧式、美式、中式、日式、地中海等；对整体家具的预算有没有明确额度。这些问题都是涉及后期设计与签约的关键因素。

当确定空间尺度以后，设计师会根据消费者家庭成员的构成，包括文化背景、个人喜好、家庭的生活状态、生活习惯以及生活方式等基本情况，从专业角度与消费者需求出发，对家具进行初步设计，再约见消费者以确定方案。消费者还可以根据自己的需求提出修改意见，并与设计师进行沟通，完善方案。经双方多次探讨之后，方可确定最终设计方案。

3.3.2 家具平面布置图

家具设计图纸基本上包括两种：一种是反映原始建筑结构布局的建筑平面图，又称为室内平面结构图；另一种是反映室内布置状况的平面布置图。设计师要看得懂并能分析原始建筑平面图，还要迅速画出调整后的平面布置图，接单时基本就没问题了。

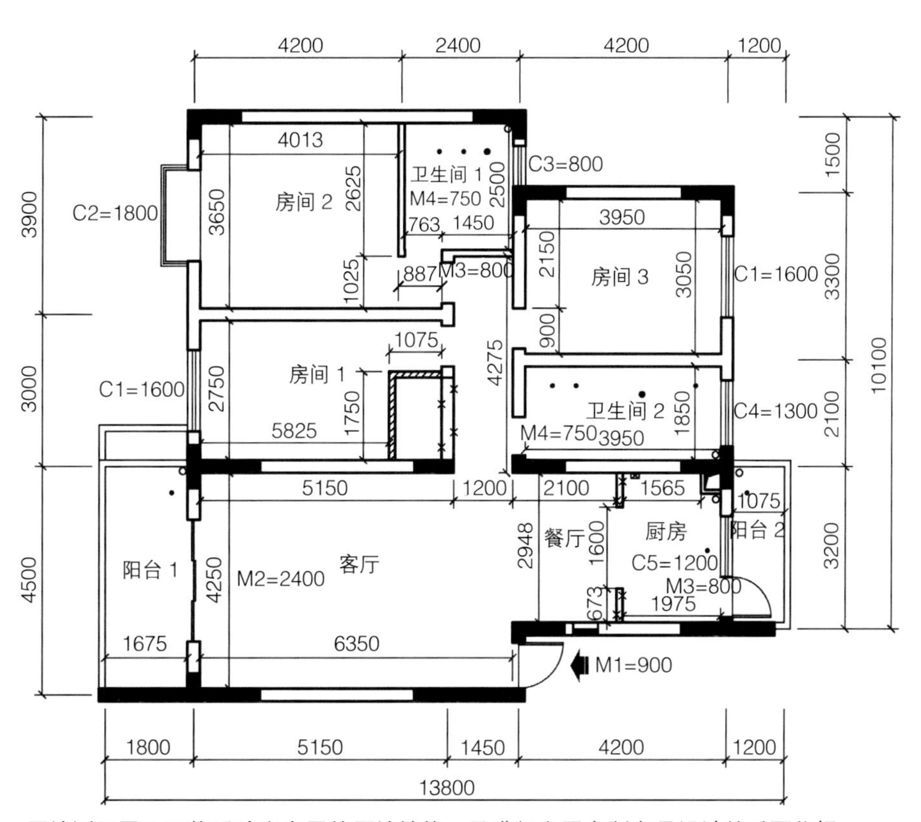

▲ 原始测量平面图能反映出房屋的原始结构，是进行全屋定制家具设计的重要依据。

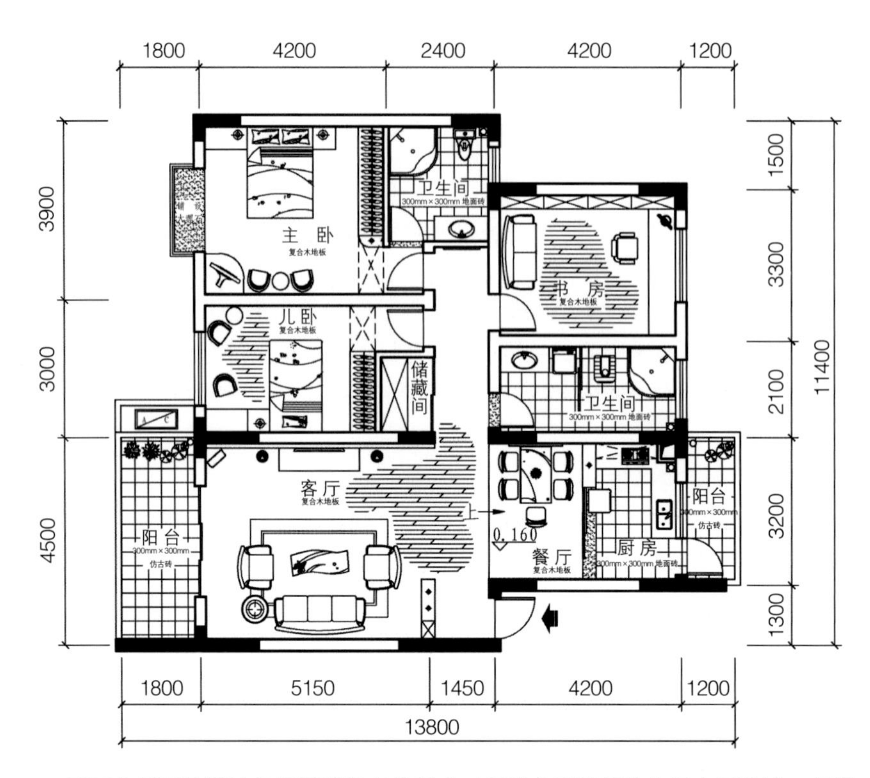

▲ 平面布置图是设计师根据消费者的需求对原始房型进行的空间布局设计，根据消费者要求进行家具设计时，图纸是最简单、直接的方式。图纸具有一目了然的优势，可将想要表达的家具快速呈现出来。

3.3.3 手绘效果图

设计师在与消费者进行沟通的过程中，可以一边通过手绘的方式快速绘制家具的效果图，一边征询消费者的意见。根据需求，现场对图纸进行修改完善，直到满足消费者的要求。这种方法比起计算机绘制效果图更方便、快捷，最终所获得的满意度也更高。

▲ 暖色调可以缓和餐厅的整体氛围，营造出温馨浪漫的艺术气息。

▲ 别墅具有空间大而阔的特征，暖色调的设计能使整个空间氛围得到提升；将需要定制的家具通过简洁的线条表现出来，能让消费者清晰、直观地预览家具完成后的最终效果。

3.4 家具图纸绘制规范

设计师接单需要经过两个阶段：一是方案设计阶段；二是施工图阶段。设计师在接手一个消费者的方案设计时，必须读懂消费者新居原建筑的平面、立面、剖面等各类施工图，搞清楚原有建筑空间、设备等情况和消费者的要求等。然后才能据此做出设计方案图和效果图。

方案确定后，设计师也要根据确定的方案绘制设计施工图，并以此作为指导施工和编制工程预算的依据，这就是设计制图。

设计制图就是把具体的物体或想象的物体用一定的图线在纸上形象地表现出来的过程。这种按照一定标准绘制出来的图形，往往比语言文字能更准确地反映出设计要求。

3.4.1 原始平面图

原始平面图是整个家居环境的原始面貌，房屋的朝向以及承重墙的位置都能在原始平面图上面表现出来，作为家具设计、施工图纸的重要依据。

原始平面图能够精准定位室内的门窗、阳台位置，室内各个房间的具体名称、尺寸、定位轴线和墙壁厚度等，以此作为家具设计的依据。

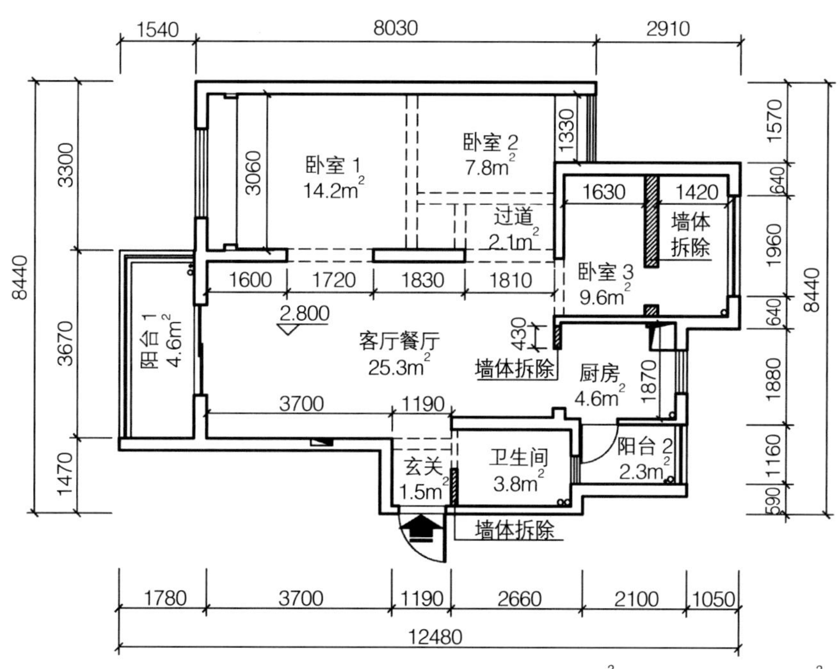

注：建筑面积 92.8m²，套内装修面积 75.2m²

▲ 从原始平面图可以看出，每个室内空间都有了明确的功能划分，房间的尺寸、面积以及层高都很清晰，为下一步设计打好了基础。

3.4.2 平面布置图

平面布置图是建筑物布置方案的一种简明图解形式，用以表示建筑物、构筑物、设施、设备等的相对平面位置，一般指用平面的方式展现空间的布置和安排。

家具平面布置图是所有施工图的标准，在尺寸数据上要十分细致，一旦出现尺寸差错，那么所有图纸都需要修改。如果定制家具已经开料了，那么就需要重新返工。如果在最后安装时才发现尺寸有问题，那就需要将板材进行返厂，其中人工费、运输费、时间都是不可估量的损失，对品牌也会造成不好影响。

平面布局的好坏代表着设计师职业水平的高低，不同文化的人对房间空间大小、环境的要求是不同的。根据特定情况做平面设计布局，是每一个设计师反复要思索的问题。有些消费者在装修完工并使用后，溘然感到，为什么门没有在这里开呢？然而建筑结构上是可以的。事实上，这一问题在平面布局设计时是可以解决的。

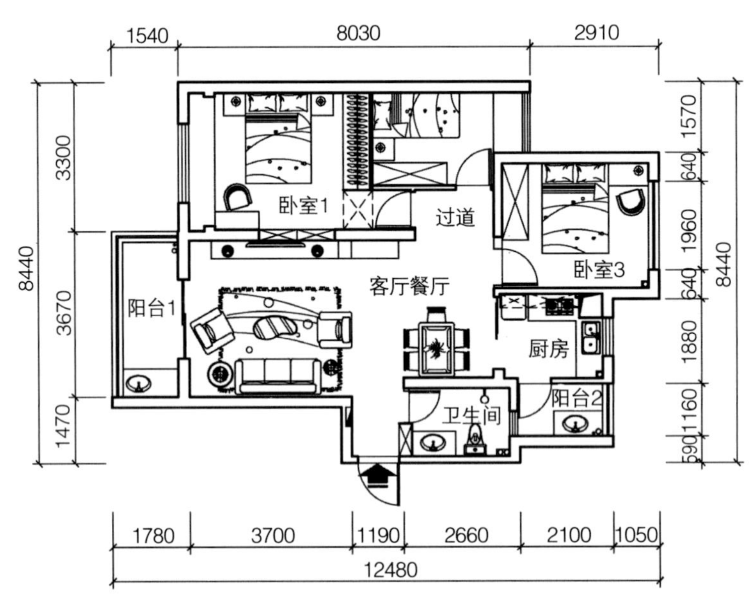

▲ 家具平面布置图是家具设计师对家庭空间进行规划设计后的图纸，在图中我们可以清楚地看到沙发、餐桌、床的朝向；能看出卫生间、厨房的基本生活设施的排放次序以及具体位置；各个房间衣柜靠墙位置以及开门方向等；房间里电脑桌的尺寸及工作方向等，还可以从平面布置图中提取许多有用信息。

3.4.3 立面索引图

在施工图中，有时会因为比例问题而无法表达清楚某一局部，为方便施工需另画详图。一般用索引符号注明画出详图的位置、详图的编号以及详图所在的图纸编号。索引符号和详图符号内的详图编号与图纸编号两者对应一致。

引出线应对准菱形中心。在菱形中央画一条水平线，上半圆中用阿拉伯数字注明该详图的编号，下半圆中用阿拉伯数字注明该详图所在图纸的图纸号。如果详图与被索引的图样在同一张图纸内，则在菱形下半部分中间画一水平细实线，从而以索引表示详图类型与编号。如采用标准图，应在索引符号水平直径的延长线上加注该标准图册的编号。

立面图就是把建筑的立面用水平投影的方式画出的图形，应表示主要内容体现建筑造型的特点，要选择绘制有代表性的立面。

剖面图是用剖切平面在建筑平面图的横向或纵向沿建筑物的主要入口、窗洞口、楼梯等位置上将建筑物假想地垂直剖开，然后移去不需要的部分，再将剩余部分按某一水平方向进行投影而绘制的图形，主要是反映建筑内部层高、层数的不同、及内、外空间比较复杂的部位。

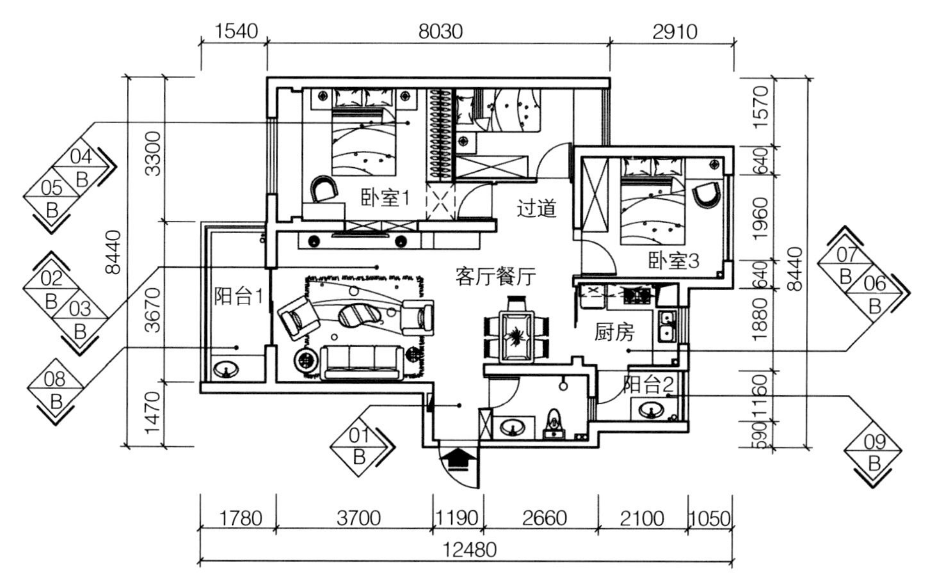

▲ 立面索引图主要应用于在平面图纸中表述不清晰的局部位置，将局部位置标出，并做好编号，在看图时十分便捷；该图中引出的图号数字是指立面图的流水编号，字母是指图纸类别编号。

3.4.4 家具立面图

一件家具是否美观，在很大程度上决定于它在主要立面上的艺术处理，包括造型是否优美。

在施工图中，立面图主要反映房屋的外貌和家具立面做法；是从正对着的方向看到的形状，包括房屋长、高，层数、门、窗、各种装饰线并示出外墙面材料、色彩，注出各层标高等，只绘出看得见的轮廓线。

玄关处的鞋柜主要是放置平时常穿的6～8双鞋或拖鞋，靠近地面的一层可以设计放拖鞋的位置。设计师应依据玄关的尺寸、结构和美观度来为消费者提出专业建议。

在实际中随着鞋子款式和数量的增加，鞋柜面积也越来越紧张。其实，鞋柜的设计、制作是家具设计中的重要环节。鞋柜的主要用途是来陈列闲置

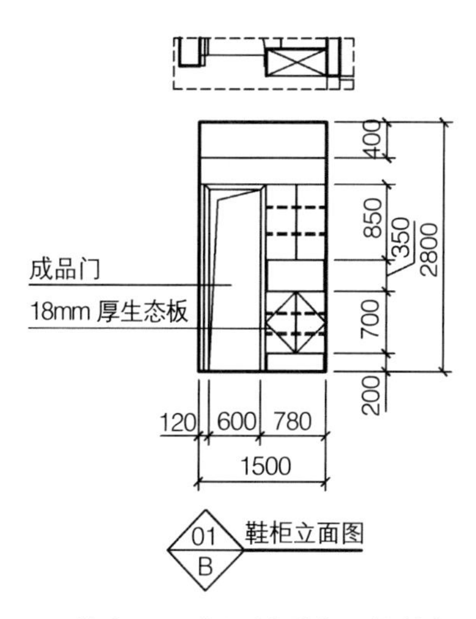

▲ 从立面图中可以看出，设计师对鞋柜使用的板材型号、柜内格局划分是否合理，底部与中部留空的设计，能为消费者增加实用性功能。

的鞋子，选择定做鞋柜时一般会相对灵活一些。例如，玄关鞋柜不仅具备放鞋功能，还可以增加一些如放雨伞、钥匙等按家人实际需要而设置的贴心功能。

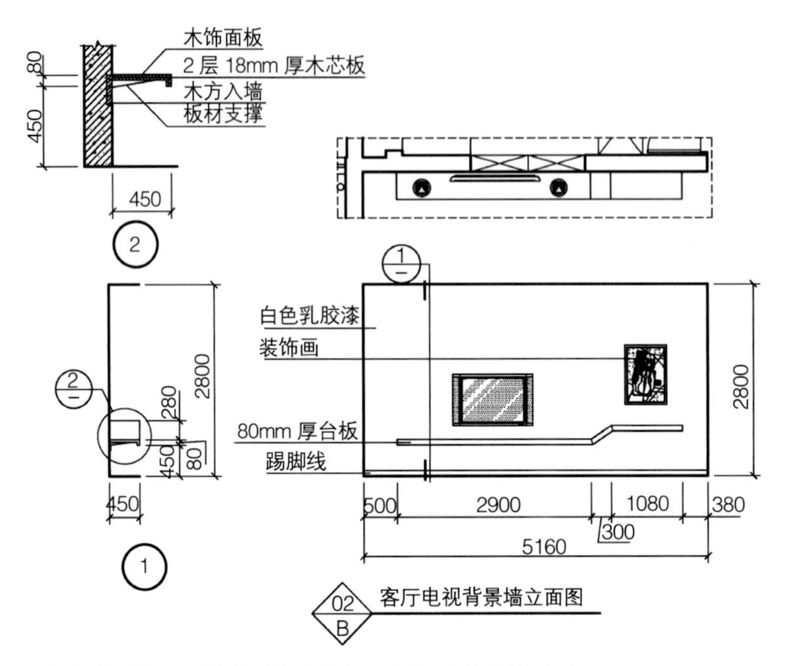

▲ 电视背景墙采用简单的线条设计，设计出简约的造型。

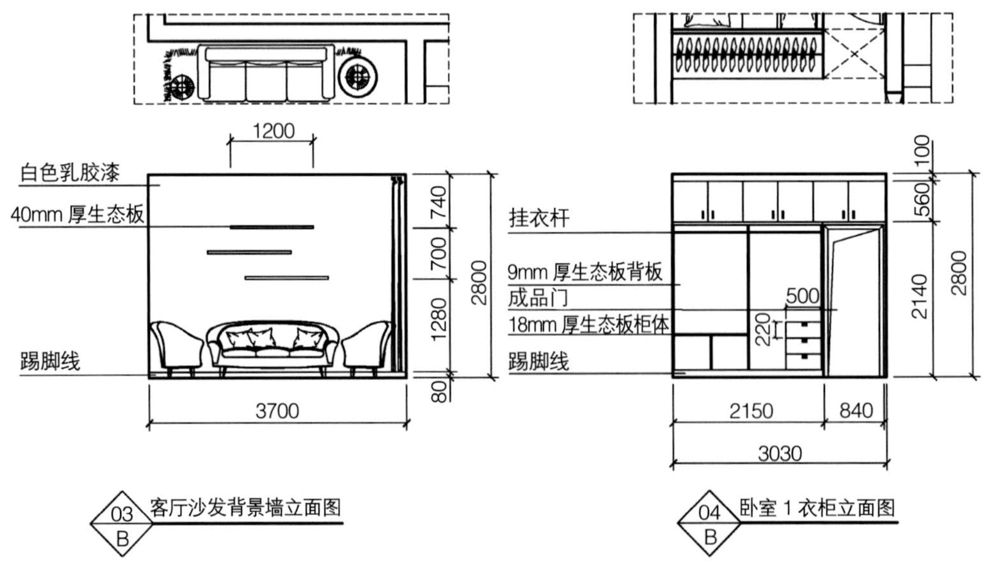

▲ 沙发背景墙用了隔板，设计成小型的书架，合理地运用空间，将展示性与实用性相结合。

▲ 卧室衣柜是到顶的设计，将收纳空间增大，底柜用挂架、抽屉、层板隔断等方式，将收纳更加细化，衣柜格局更清晰。

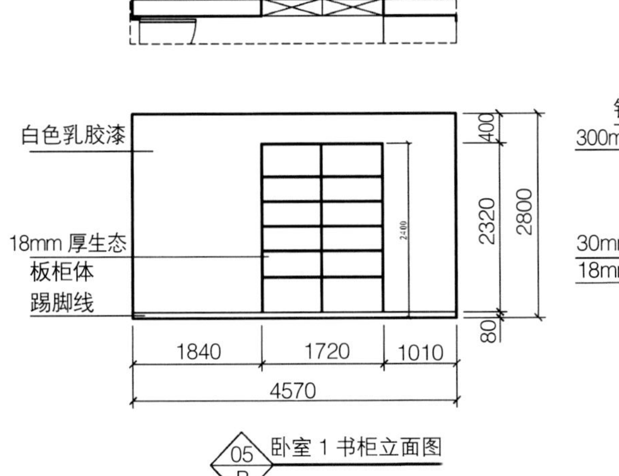

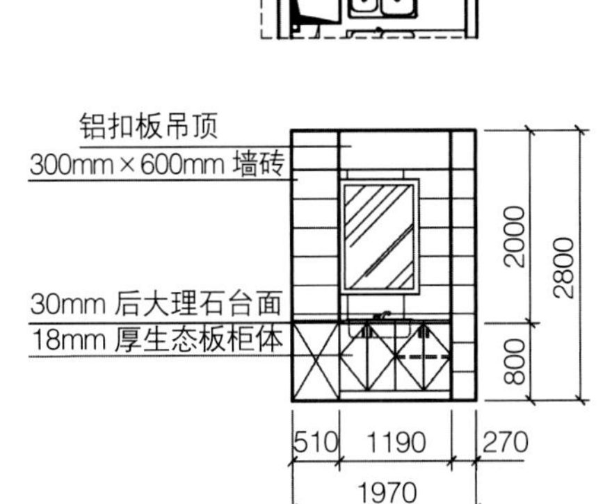

▲ 将卧室的电视背景墙与书柜结合在一起，实用性超强，同时巧妙地将两端承重墙的中间空墙部分做成书柜。

▲ 厨房橱柜立面图主要是对柜体结构、家具摆放位置做整体布局，包括洗菜盆、燃气灶、冰箱的摆放位置，以及橱柜的标高。

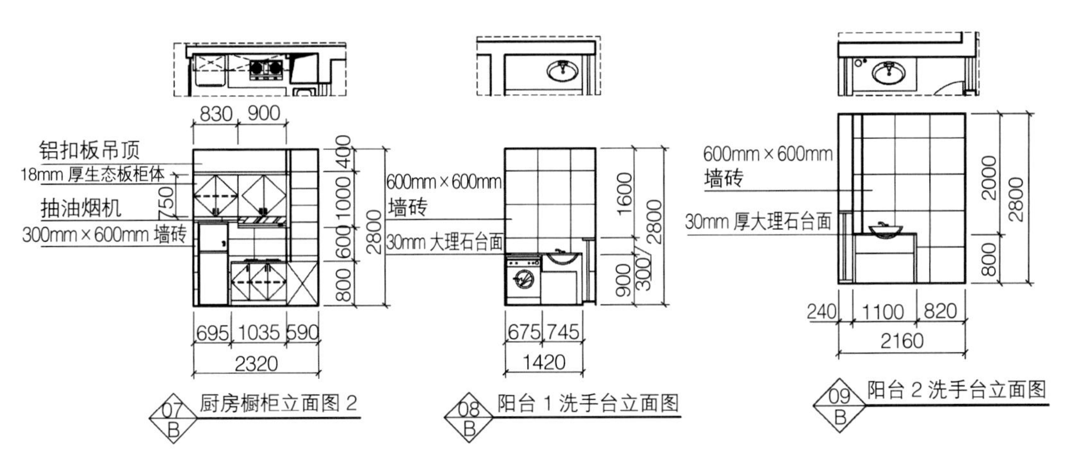

▲ 对油烟机及厨房灶具的摆放位置及高度进行设计，将冰箱的上部空旷位置进行标记并做了吊柜设计。

▲ 巧妙地将洗手台与洗衣机设计为一体式，方便消费者洗衣操作。

▲ 在厨房储物阳台做了洗手台设计，为厨房的清洗区域增加了操作空间。

3.4.5 家具效果图

3D效果图就是立体的模拟图像，好的3D效果图接近于相片，可以在施工期提前将完成后的形态用计算机绘制出来。通过3D效果图可以一目了然地了解某个设计方案，给消费者一定的选择与认知。

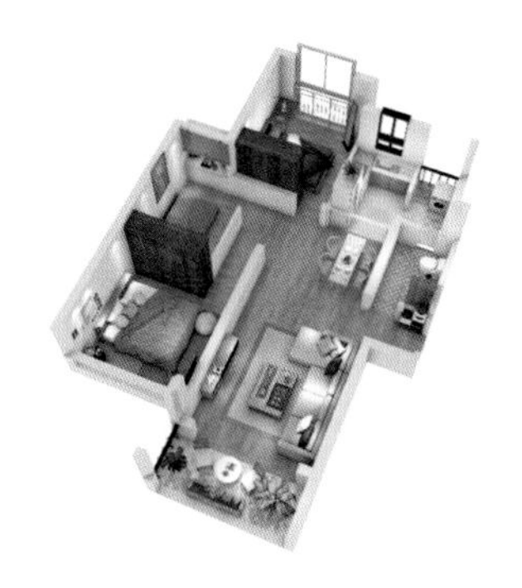

◀ 3D效果图能够让消费者更为直观地观看整个房屋的格局设计，比起平面图纸，更通俗、易懂。

▲ 通过从进门过道的角度看客厅沙发背景墙，真实地还原了家具的布局与摆放位置，整体效果更好。

▲ 从餐厅的位置看客厅，软装与家具、色彩与灯饰之间的搭配一目了然，让客厅的动线清晰明了，引导性强。

▲ 卧室家具的摆放、朝向都是经过反复推敲，最终以最好的状态呈现。

▲ 餐厅的餐桌材质、配色清晰可见，造型别致的木质吊灯精巧别致。

3.4.6 家具实景图

家具实景图是对之前所设计图纸的检验，只有高还原度才能做到与设计图纸相差甚少，达到更理想的设计效果。待家具全部制作、安装完毕后，拍摄实景图是家具公司存档与营销推广的主要途径。

表3-2 家具实景图案例一览

序号	图例	整体效果
1		进门所看到的置物架与墙面均是白色，用水墨画做了简单装饰，既不会喧宾夺主，又别有一番风味

续表

序号	图例	整体效果
2		电视背景墙只做了简单的置物处理，造型较为简单，尺寸的拿捏度控制很到位，不会显得很拘束
3		沙发背景墙的置物书架高低错落，不会显得呆板；与整体配色相得益彰，放上装饰物刚好将空开遮蔽
4		多功能吊柜设计，为厨房增加了储物空间，整体美观性较高
5		一体式厨房，操作方便，各个区域功能划分明确，有利于厨房操作
6		抽屉加上分隔柜的设计，让收纳空间更加多样化，为不同的饰品提供收纳空间
7		到顶的定制衣柜，能够将家居等收纳空间做到最大化
8		主卧的书架做了最简单的分层处理，既不会显得繁杂，使用功能也更强大

续表

序号	图例	整体效果
9		衣通设计很好地解决了家中衣服的摆放问题，收纳性强
10		玄关柜设计为上下柜，中间的空白部分刚好可以随手存放进出的包包、钥匙、手提袋等小物件，十分便捷
11		玄关柜内部采用镂空的层板设计，增强了鞋柜的通风性能；同时，镂空的设计更节省板材，节省经费
12		使用定制的卫浴家具，能够更好地与浴室内的布局相吻合；尺寸刚刚好的浴室柜在整个空间中，使用功能齐全

3.5 家具设计常用软件

目前，国内集成家具市场上常用的设计软件有AutoCAD软件、圆方衣柜设计软件、酷家乐家具设计软件等。这些软件的模块功能基本相似，大致可以分为家具设计模块、环境设计模块及图纸输出模块等。

3.5.1 AutoCAD软件

AutoCAD是Autodesk公司首次于1982年开发的计算机辅助设计软件，可用于二维绘图、详细绘制、设计文档和基本三维设计，现已经成为国际上广为流行的绘图工具。

该软件可用于绘制二维制图和基本三维设计，通过它无需懂得编程，即可自动制图，因此被广泛使用，可以用于土木建筑、装饰装修、工业设计、工程电子、服装设计等多方面领域。

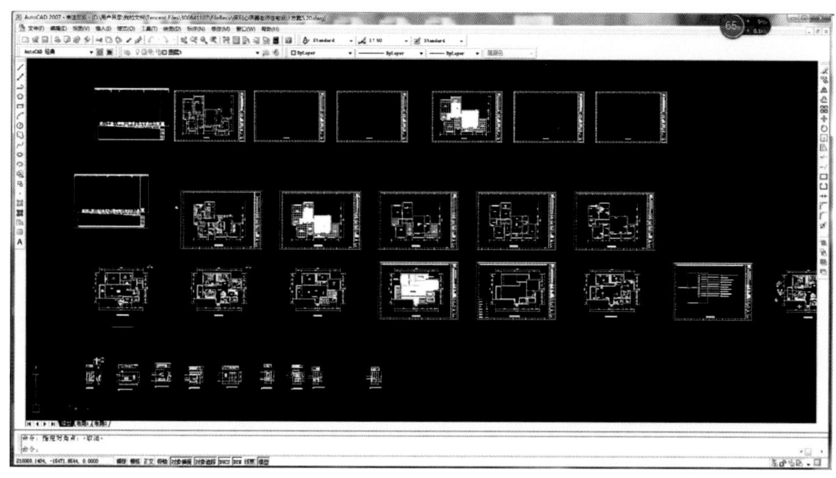

▲ 一整套家具设计图纸可以在一个CAD文件中绘制，更加简单、快捷。

3.5.2 圆方衣柜设计软件

圆方衣柜设计软件致力于为装修、家具、橱柜、衣柜、卫浴、瓷砖等大家居行业，提供设计、生产、管理、销售软件一体化的解决方案，在图形图像、家居行业信息化解决方案领域居于顶尖水平。

圆方软件是一套在线互动三维立体家居设计软件，由圆方软件公司和新居网自主研发，具有自主知识产权；目前拥有虚拟现实、3D渲染引擎等一大批核心技术，在国内集成家具行业应用较广。

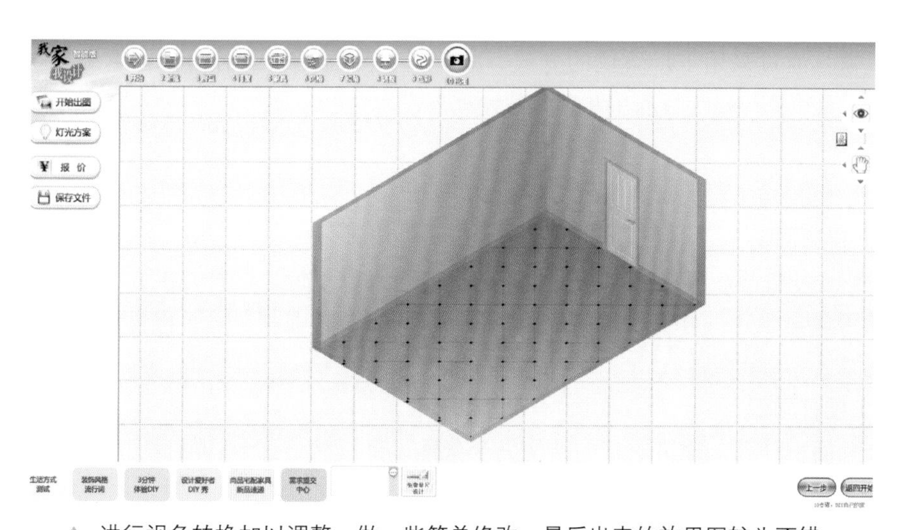

▲ 进行视角转换加以调整，做一些简单修改，最后出来的效果图较为不错。

3.5.3 酷家乐家具设计软件

酷家乐家具设计软件是以云渲染技术为基础搭建的3D云设计工具，可以5分钟生成设计方案，10秒生成效果图，一键生成VR方案。其是效果图制作软件中出图最快的一款软件，它的特色功能是可以先画户型图（平面布置图），然后出效果图，效果很逼真。值得一提的是，该软件在线客服可以远程教画图，这点很人性化。

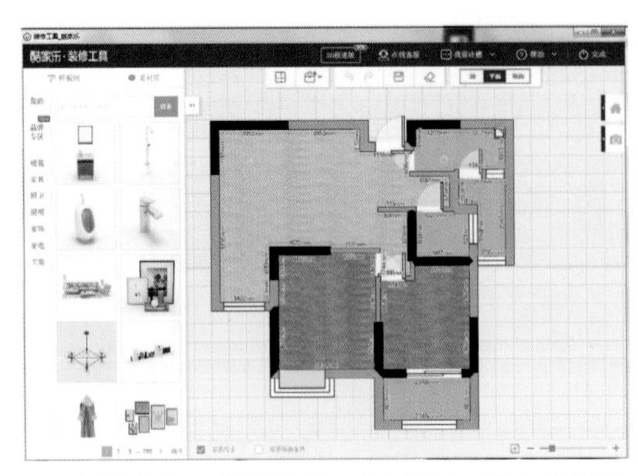

▲ 在搜索里面找到建筑房屋户型，并直接导图出来，甚至能直接将样板间的模型搬过来直接用，非常方便，也比较节省时间。

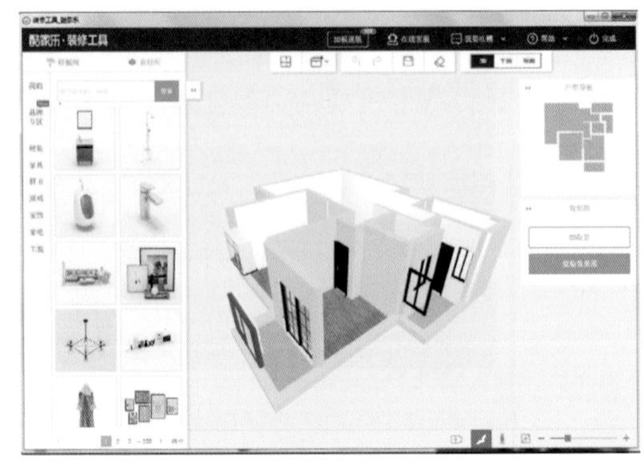

▲ 鼠标拖动即可将整个模型调试到理想的角度。与3ds max相比较，酷家乐家具设计软件的灯光效果没有3ds max看起来真实，但是速度确实要快很多。

3.6 一看就懂的预算与报价

集成家具通过采用工厂直供的方式，减少了中间商环节，对消费者来说能省下不少钱。集成家具预算与报价目前主要有两种计算方式。

3.6.1 面积计算方式

（1）投影面积

按投影面积计算，就是柜子的宽度乘以高度再乘以单价，这种计价方式需要向商家了解清楚是否包含柜门，对于宽度、高度、深度尺寸有没有限制，是否包含抽屉、拉篮、格子架、裤架这些功能配件。

（2）展开面积

按展开面积计算，即将衣柜的结构完全分拆，将板材、五金、隔板、背板及相关配件等全部分开计算面积和单价，最后相加得出最终总价。

目前，市场上实力较强的品牌多采用展开面积来计价。其优点是消费者可以清楚地知道每个部分使用的材料；同时，这种计价方式不存在简单设计与复杂设计采用同一个价格的问题。所以，在设计的时候细节上能做到更加个性化和人性化。但其计算比较麻烦，报价表过于详细，对销售人员的专业素质要求较高，需要经过专业培训。

因此，集成家具的报价最终往往还是以家具规格、材质、制作工艺来进行报价，不同公司的报价会有所差异。以某户型的定制橱柜为例，消费者将板材、五金件等确定下来后，家具设计师会给消费者一个最终报价，总价一般会在预算的价格方面上下浮动。

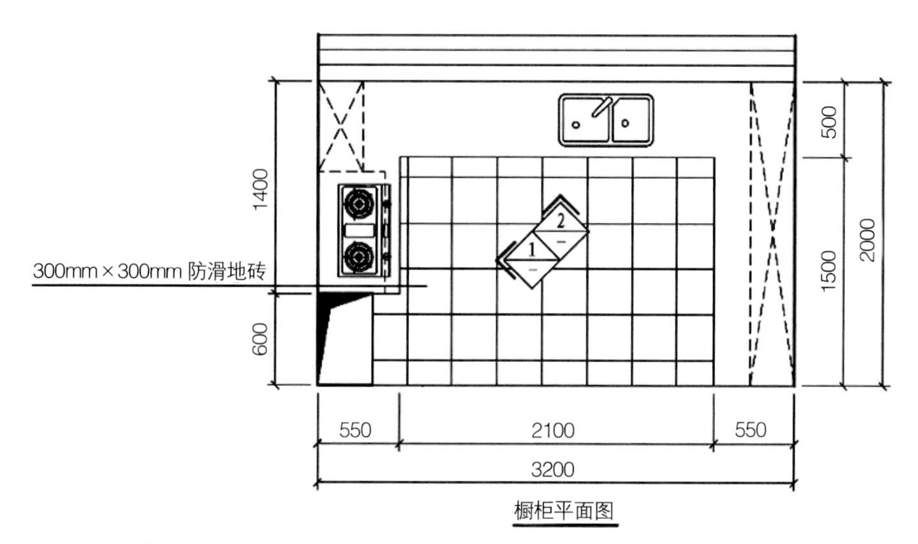

▲ 橱柜平面图是定制家具设计的基础。根据原有的房型做橱柜设计时，一般家庭都会采用上下柜的设计形式，储物功能较为齐全。原家具设计图纸决定了家具使用的板材、五金件的数量，根据消费者要求做一定修改后，可直接出报价。

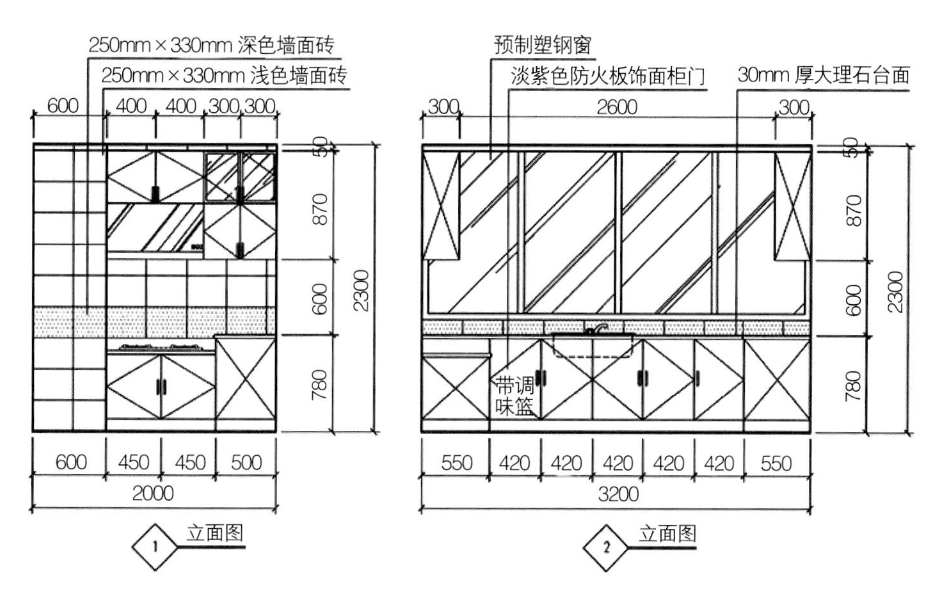

▲ 从橱柜立面图中可以看出，家具设计师将每个橱柜的开门方向、摆放位置都标记得非常清楚，消费者也能看懂自己的费用都花在哪些方面。原家具设计师将地柜与吊柜的隔板也做出了标记，在计算家具面积的时候，消费者能清楚地知道板材消耗量。

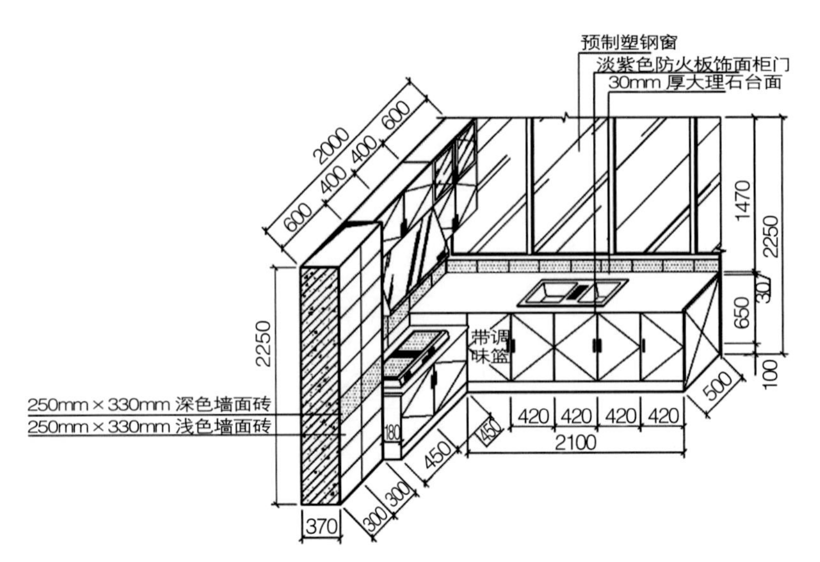

▲ 橱柜轴测图能清晰反映出橱柜的立体空间，绘制相对简单，呈现效果与透视图相当，是各种定制家具都能使用的图面形式。

3.6.2 家具报价

表3-3 橱柜报价表

消费者地址				订货日期			
一、基本配置：16+3 箱体；门板颜色 PQ8656；台面颜色 HW-B918。							
序号	名称	规格（mm）	用料明细	数量	单位	单价（元 × 折扣）	分类总价（元）
1	上柜	700×350	烤漆	1.08	延米	1750×0.88	1663.00
2	下柜	660×580	国产石英石	3.16	延米	2250×0.88	6256.00
3	台面	600	烤漆	3.26	延米	1360	4433.00
4	合计						12352
二、功能配件							
序号	名称	规格（mm）	用料明细	数量	单位	单价（元）	分类总价（元）
1	抽屉滑轨	标配	豪华阻尼抽屉	2	副	680	1360.00
2	围杆	标配		2	副	150	300.00
3	调味篮	300mm	带阻尼	1	只	980	980.00
4	拉篮		带阻尼	1	套	1000	1000.00
5	出面		烤漆	0.49	平方	1299	637.00

续表

6	台盆工艺		台下盆	1	组	298	298.00
7	包管费用	700×400	石英石	1	根	398	398.00
8	合计						4973
9	总价		17325				
10	送货时间		与消费者约定时间后送货上门				

家具报价是家具设计师根据消费者的订单要求进行的综合报价。不同定制家具企业的报价略有不同，但基本上都是以上述两种方法进行面积计算。因为各企业使用的家具板材、家具配件、设计师水平、安装人员的素质等存在不同差异。

3.7 家具成本核算

3.7.1 材料成本核算

木材成本是按净尺寸加上加工余量来计算的，板材从备料、毛料尺寸的利用率，需要根据板材的实际状况进行测定。一般按60%计算，国内贸易按照70%计算。

材料单价按照出具增值税票的价格加运费（到厂价格）计算，特殊板材利用率按照惯例按80%～85%计算，木皮饰面按照70%计算，五金、包装价格按照产品的实际需要1：1计算，涂料价格按照产品喷涂面积和涂料单价计算（喷涂面积按实际情况计算）。

3.7.2 人工成本

人工成本一般按照材料成本总额的15%计算（含所有间接和直接人工成本）。

3.7.3 核算要求

☑ 家具成本核算原则

★合法性原则 → ★可靠性原则 → ★相关性原则 → ★分期核算原则 → ★权责发生制原则 → ★实际成本计价原则 → ★重要性原则

成本核算是指将企业在生产经营过程中发生的各种耗费，按照对象进行分配和归集，以计算总成本和单位成本。

成本核算是成本管理工作的重要组成部分，是将企业在生产经营过程中发生的各种耗费按照对象进行分配和归集，以计算总成本和单位成本。成本核算的正确与否，会影响企业的成本预测、计划、分析、考核和改进等控制工作，也对企业的成本决策和经营决策的正确与否产生影响。

成本核算过程是对企业生产经营过程中各种耗费如实反映的过程，也是实施成本管理，进行成本信息反馈的过程。因此，成本核算对企业成本计划的实施、成本水平的控制和目标成本的实现起着至关重要的作用。

要计算企业的主要产品成本，应根据生产特点和生产组织方式采用一种适当的成本计算方法，但这一种成本计算方法并不一定能满足该企业成本计算和成本管理的全部需要。

企业在进行生产时会涉及共摊费用，这时采用的分配标准要注重合理性和简便性原则。合理即所选择的分配标准与分配费用之间会存在一定的联系，应该根据密切联系的程度，进行成本费用分配。在实际工作中，对核算对象进行划分时既不能太细化，也不能过粗；划分过粗、过细都会影响成本核算的准确性。

随着计算机技术的不断更新，以计算机技术为核心的信息管理手段已成为现代成本会计的一种必然发展趋势。会计电算化不仅大大加快了信息反馈速度，提高了业务处理效率，还能及时、准确地进行成本预测、决策和核算，有效地对成本进行控制。

因此，企业应该注重对会计人才的培养，建立健全的会计选拔制度，定期对工作人员进行培训，注重员工的思想素质建设。

表3-4　橱柜成本核算表

序号	名称	规格(mm)	用料明细	数量	单位	单价（元×折扣）	分类总价（元）
1	上柜	700×350	烤漆	1.08	延米	1550×0.6	1004.00
2	下柜	660×580	国产石英石	3.16	延米	1850×0.6	3508.00
3	台面	600	烤漆	3.26	延米	1050	3423.00
4	抽屉滑轨	标配	豪华阻尼抽屉	2	副	300	600.00
5	围杆	标配		2	副	60	120.00
6	调味篮	300	带阻尼	1	只	300	300.00
7	拉篮		带阻尼	1	套	750	750.00
8	出面		烤漆	0.49	平方	850	416.00
9	台盆工艺		台下盆	1	组	260	260.00
10	煤气包管费用	700×400	石英石	1	平方	200	200.00
11	搬运费						200.00
12	总价（元）		10781				

3.8 签订家具合同

如何有效地接单，是每个家具设计师必须努力学习和培养的，也是家具设计师一切工作的重中之重。

家具设计其实是属于服务行业，无论是家具设计服务还是家具施工服务，使消费者“放心和满意”是家具公司和家具设计师能否屹立于家具市场的关键。

▲ 签订合同是家具设计的重要环节，合同是对双方权益的保障。要充分研究家具消费者的消费心理，从接待消费者到最终签单的各个环节、细节都分解得清清楚楚，了解家具消费者关心什么、担心什么、怎样使其放心和满意，然后确定详细的应对策略，完成优秀的设计方案。

3.8.1 避免和消费者争辩

设计师的责任是要赢得消费者的信任，而非赢得辩论。除非消费者的问题是质疑公司的诚信，或否定设计方案的品质；否则一语带过即可，应将焦点放在设计方案上。

3.8.2 避免盲目表达个人意见

设计师可能对自己的喜好很执着，但必须记住别人同样对他们自己的喜好坚定不移，消费者往往都喜欢与自己品味类似的人签单。

如果设计师强烈表达与消费者相反的意见或立场，他很有可能签不成单。设计师所做的设计最终使用者是消费者，而不是设计师自己，所以一定要以消费者的喜好作为参考标准。

3.8.3 避免攻击对手

假如没人提起竞争者，设计师就不应提起他们，绝对不要指名道姓地讨论对手；也绝对不要拿他们的设计作比较，或以任何理由攻击对手。

为对手说好话，就是间接地褒扬设计方案，消费者会因此对设计师有好感。

3.8.4 避免夸大设计方案

事实上，谦虚可能比吹嘘更能博得消费者的好感。与其吹嘘自己设计的特别功能，不如引述其他消费者愉快的使用经验。借别人的话来赞美自己的设计，消费者比较容易接受和相信出自第三者的正面评语。

3.8.5 避免超越设计权限

一般这种情况是发生在设计师告诉消费者，可以给他折扣或提前进场或提前完工时；而设计师并没有这种权限或根本无法满足消费者。

家具设计师不但要做对的事情，还应避免做错事情，这也是设计师在接单时应遵循的原则。

3.8.6 定制集成家具合同参考范本

定制集成家具合同

委托方（甲方）：

承接方（乙方）：

工程项目名称：

甲、乙双方经友好洽谈和协商，甲方决定委托乙方完成定制集成家具。为保证工程顺利进行，根据国家有关法律规定，特签订本合同，以便共同遵守。

第一条：工程概况

1.工程地址：____________________________________

2.居室规格：房型____层（式）____室____厅____厨____卫

（1）____室，计____m^2，家具____m^2；

（2）____厅，计____m^2，家具____m^2；

（3）____厨房，计____m^2，家具____m^2；

（4）____卫生间，计____m^2，家具____m^2；

（5）____阳台，计____m^2，家具____m^2；

（6）____过道，计____m^2，家具____m^2；

（7）其他（注明部位）____，计____m^2，总计：施工面积____m^2。

3.施工内容：详见本合同附件和施工图。

4.委托方式：________（全部委托、部分委托）。

5.工程开工日期：______年______月______日。

6.工程竣工日期：______年______月______日，工程总天数：________天。

第二条：工程价款

工程价款（金额大写）________________元，详见本合同附件《家庭装潢工程材料预算表》。

1.材料款________元；

2.人工费________元；

3.设计费________元；

4.施工清运费________元；

5.搬卸费________元；

6.管理费________元；

7.其他费用（注明内容）________元。

第三条：质量要求

1.工程使用主要材料的品种、规格、名称，经双方认可。

2.工程验收标准，双方同意参照国家的相关规定执行。

3.施工中，甲方如有特殊施工项目或特殊质量要求，双方应确认，增加的费用应另外签订补充合同。

4.凡由甲方自行采购的材料、设备，产品质量由甲方自负；施工质量由乙方负责。

5.乙方严格按照工程建设强制性标准和其他技术标准施工，按照甲方认可的设计、施工方案和做法说明完成工程，确保质量。

第四条：材料供应

1.乙方须严格按照国家有关价格条例规定，对本合同中所用材料一律实行明码标价。甲方所提供的材料均应用于本合同规定的装潢工程，非经甲方同意，不得挪作他用。乙方如挪作他用，应按挪用材料的双倍价款补偿给甲方。

2.乙方提供的材料、设备如不符合质量要求，或规格有差异，应禁止使用。如已使用，对工程造成的损失均由乙方负责。

3.甲方负责采购供应的材料、设备，应该是符合设计要求的合格产品，并应按时供应到现场。如延期到达，施工期顺延，应按延误工期进行处罚。按甲方提供材料的合计金额的10%作为管理费支付给乙方。材料经乙方验收后，由乙方负责保管，由于保管不当而造成损失的，由乙方负责赔偿。

第五条：付款方式

1.合同一经签订，甲方即应付100%工程材料款和施工工费的50%；当工期进度过半（____年____月____日），甲方即第二次支付施工工费的40%，剩余10%尾款待甲方对工程竣工验收后结算（注：施工工费包括人工费）。甲方在应付款日期不付款是违约行为，乙方有权停止施工。验收合格未结清工程价款时，不得交付使用。

2.工程施工中如有项目增减或需要变动，详见本合同附件，双方应签订补充合同，并由乙方负责开具施工变更令，通知施工工地负责人。增减项目的价款，当场结清。

3.甲方未按本合同规定期限预付工程价款的，每逾期一天按未付工程价款额1%支付给乙方。

第六条：工程工期

1.如果因乙方原因而延迟完工的，每日按工费的1%作为违约金罚款支付给甲方，直至工费扣完为止。如果因甲方原因而延迟完工，每延迟一日，以装潢工程价款中人工费的1%作为误工费支付给乙方________元。

2.由甲方自行挑选的材料、设备，因质量不合格而影响工程质量和工期，其返工费由甲方承担；由于乙方施工原因造成质量事故，其返工费用由乙方承担，工期不变。

3. 在施工中，因工程质量问题、双方意见不一而造成停工，均不按误工或延迟工期论处，双方应主动要求有关部门调解或仲裁部门协调、处理，尽快解决纠纷，以继续施工。

4.施工中如果因甲方原因要求重新返工的，或因甲方更改施工内容而延误工期的，甲方须承担全部施工费用，如因乙方原因造成返工的，由乙方承担责任，工期不变。

5.在施工中，甲方未经乙方同意，私自通知施工人员擅自更改施工内容所引起的质量问题和延误工期，甲方自负责任。

第七条：工程验收

1.工程质量验收：待工程全部结束后，乙方组织甲方进行竣工验收。双方办理工程结算和移交手续。

2.乙方通知甲方进行工序验收及竣工验收后，甲方应在三天内前来验收，逾期视为甲方自动放弃权利并视为验收合格，如有问题，甲方自负责任。甲方自行搬进入住，视为验收合格。

3.甲方如不能在乙方指定时限内前来验收，应及时通知乙方，另定日期。但甲方应承认工序或工程的竣工日期，并承担乙方的看管费用和相关费用。

第八条：其他事项

1. 甲方责任：

（1）必须提供经物业管理部门认可的房屋平面图及水、电、气线路图，或由甲方提供房屋平面图及水、电、气线路图，并向乙方进行现场交底。

（2）对于二次装饰工程，应全部腾空或部分腾空房屋，清除影响施工的障碍物。对只能部分腾空的房屋中所滞留的家具、陈设物等，须采取必要的保护措施，均需与乙方办理手续和承担费用。

（3）如确实需要拆、改原建筑物结构或设备、管线，应向所在地房管部门办理手续，并承担有关费用。施工中如需临时使用公用部位，应向邻里打好招呼。

2.乙方责任：

（1）应主动出示企业营业执照、会员证书或施工资质；如是下属分支机构，也须有上级公司出具的证明；经办业务员应有法人代表的委托证书。

（2）指派一名工作人员为乙方工地代表，负责合同履行，并按合同要求组织施工，保质、保量地按期完成施工任务。

（3）负责施工现场的安全，严防火灾、佩证上岗、文明施工，并防止因施工造成的管道堵塞、渗漏水、停电、物品损坏等事故发生而影响他人。万一发生，必须尽快负责修复或赔偿。

（4）严格履行合同，实行信誉工期。如果因延迟完工，如脱料、窝工或借故诱使甲方垫资，举查后均按违约论处。

（5）在装潢施工范围内承担保修责任，保修期自工程竣工、甲方验收入住合格之日算起，为12个月。

第九条：违约责任

合同生效后，在合同履行期间，擅自解除合同方，应按合同总金额的5%作为违约金付给对方。因擅自解除合同，使对方造成的实际损失超过违约金的，应进行补偿。

第十条：争议解决

1.本合同履行期间，双方如发生争议，在不影响工程进度的前提下，双方应协商解决；或凭本合同和乙方开具的统一发票向所在地室内装饰行业协会家庭装潢专业委员会投诉，请求解决。

2.当事人不愿通过协商、调解解决，或协商、调解解决不成时，可以按照本合同约定向仲裁委员会申请仲裁，向人民法院提起诉讼。

第十一条：合同的变更和终止

1.合同经双方签字生效后，双方必须严格遵守。任何一方需变更合同的内容，应经双方协商一致后重新签订补充协议。如需终止合同，提出终止合同的一方要以书面形式提出，应按合同总价款的10%交付违约金，并办理终止合同手续。

2.施工过程中任何一方提出终止合同，须向另一方以书面形式提出，经双方同意后办理清算手续。订立终止合同协议后，可视为本合同解除，双方不再履行合同约定，不再享有权利和义务。

第十二条：合同生效

1.本合同和合同附件由双方盖章、签字后生效。

2.补充合同与本合同具有同等的法律效力。

3.本合同（包括合同附件、补充合同）一式两份，甲乙双方及见证部门各执壹份。

甲方（消费者）：（签章）	乙方：（签章）
住所地址：	企业地址：
邮政编码：	邮政编码：
工作单位：	法人代表：
委托代理人：	委托代理人：
电　　话：	电　　话：
签约地址：	签约日期：

第4章

定制集成家具材料解析

识读难度：★★☆☆☆

核心要点：主体材料、饰面材料、门板材料、五金材料、集成电器

章节导读：如何选择合适的家具材质，一直是众多设计师与消费者的烦心事，材料的安全、环保、价格等因素困扰着大家。家具材料种类繁多，一不小心就容易掉进“陷阱”中，家具的主材、配件以及常规五金件都需要消费者依据自身的需求来进行选择，对材料的正确解析能为合理地选用家具材料打下基础。

4.1 家具主体材料

家具主体板材的长、宽规格一般均为2440mm（长）×1220mm（宽），厚度可根据实际需要选择1～75mm等多种产品，方便统一运输、裁切。常用家具主体板材有以下几种。

4.1.1 实木板

实木板大多具有天然木材的清香，坚固耐用、纹路自然，是制作高档家具的优质板材。实木板厚度有12mm、15mm、18mm、22mm等几种规格；其良好的透气性不会对环境造成污染，有益人体健康。高端集成家具在制作中也会采用实木板。

▲ 实木板带有天然的木材清香，纹路清晰，承重性与环保性是同类产品中最好的。

▲ 将板材放在干燥房内进行干燥处理，可减少材料的变形。

4.1.2 刨花板

刨花板也称为微粒板、颗粒板、蔗渣板、碎料板，是木材或其他纤维素材料的边角料，经切碎、筛选后拌入胶料、防水剂等热压作用下胶合而成的人造板材。刨花板尺寸规格厚度为2～75mm，常用厚度为13mm、16mm、18mm三种。

刨花板的内部是交叉错落结构的颗粒状，所以它的各方向性能基本差不多，横向承重力比较好，表面很平整，可以根据需要加工成大幅面的板材，是制作样式家具的较好原材料。

▲ 从原材料上可以看出刨花板边缘十分粗糙，但板材内部结构比较均匀。不同规格的刨花板有不同的厚度，图中的板材厚度是集成家具的常用厚度。制成品的刨花板不需要再次干燥，可以直接使用，吸声和隔声性能也很好。

4.1.3 中纤板

中纤板全称为中密度纤维板，是以植物纤维为主要原料，经过热磨、施胶、铺装、热压成型等工序制成。中纤板厚度从3～25mm不等，品种繁多。中密度纤维板表面平整，易于粘贴各种饰面，可以使家具外表更美观。

表4-1　纤维板的分类

类别	图片	密度	用途
低密度纤维板		$< 450\text{kg/m}^3$	用于踢脚板、门套板、窗台板
中密度纤维板		$450 \sim 880\text{kg/m}^3$	常用于制作家具、隔板、背板、抽屉底板
高密度纤维板		$> 880\text{kg/m}^3$	广泛用于室内外装潢、办公、高档家私等

4.1.4　禾香板

禾香板是以稻麦等农作物秸秆为主要原料，添加完全不含甲醛的以异氰酸酯树脂（MDI）为主要原料的生态黏结剂制作而成的。禾香板表面具有大量的天然蜡质层，起到了类似防潮板中石蜡添加剂的防潮、防水功能。禾香板通常厚度为18mm。

▲ 用MDI生态黏结剂替代脲醛树脂，与农作物秸秆发生化学反应制成禾香板且不释放甲醛。

▲ 将禾香板运用到家具中的各个部位，尤其是用于大面积推拉门中，能有效避免甲醛带来的危害。

集成家具小贴士

甲醛与异氰酸酯树脂

甲醛是一种无色、具有刺激性且易溶于水的气体，是分子量最小的醛类物质。35%～40%的甲醛水溶液俗称福尔马林，具有防腐、杀菌性能，可用来浸制生物标本，给种子消毒等。世界卫生组织2004年明确指出“甲醛致癌”。甲醛被称为居室空间的头号杀手，毒性高易致癌，且易游离，释放周期长达8～15年，对人体尤其是老人、小孩、孕妇等免疫力低下的人群危害更大。

异氰酸酯树脂（MDI）是一种应用广泛的高分子合成原料，其优异的安全性和稳定性，甚至可以用于人造血管、心脏瓣膜等安全要求极高的领域。禾香板可从源头杜绝甲醛释放。禾香板中采用异氰酸酯树脂作为黏结剂的辅助添加剂，防腐性能不亚于添加甲醛的传统木质人造板材；也是目前最环保的人造板材之一，其甲醛释放量基本为零。

4.1.5 多层实木板

多层实木板是胶合板的一种，是由木段旋切成单板或由木方刨切成薄木，再用胶黏剂粘接而成的多层板状材料，层数通常采用奇数。由于多层实木地板纵横交错排列的独特结构，使得它的稳定性非常好。实木多层板适合用于各种家具，环保性比刨花板好。

多层实木板厚度一般为3mm、5mm、9mm、12mm、15mm、18mm六种规格。厚3mm的板材用来做有弧度的吊顶。厚9mm、12mm的板材多用来做柜子背板、隔断、踢脚线。厚15mm、18mm的板材多用来做家具加工操作台。其环保等级可达到E1，是手工制作家具最常用的材料之一。

▲ 从板材的剖切面可以看出，多层实木板是由多层板材胶合而成的实木板。

▲ 多层实木板具有结构稳定性好的特点。由于其纵横胶合，从内应力方面解决了实木板的变形缺陷问题。

4.1.6 细木工板

细木工板又称为大芯板、木芯板，是具有块状实木板芯的胶合板，由两片单板中间胶压拼接木板而成，因此能有效避免板材翘曲变形。细木工板厚度为15mm、18mm两种规格：厚15mm的板材用于抽屉、柜内隔断；厚18mm的板材用于家具主体与门板结构。

细木工板的主要作用是为板材提供一定的厚度和强度，使板材具有足够的横向强度，其具有质轻、易加工、握钉力好、不变形等优点，是高档家具制作的较理想材料。

▲ 作为一种厚板材，细木工板具有普通厚胶合板的漂亮外观和相近强度，但细木工板比厚胶合板质地轻、耗胶少、投资省，并且给人以实木感，能满足消费者对实木家具的渴求。

▲ 与实木比较，细木工板尺寸稳定，不易变形，可有效克服木材各向异性，具有较高的横向强度。

▲ 细木工板板面美观、幅面大、使用方便，主要应用于家具制造、门板、壁板等。根据设计要求，其表面可以铺贴装饰贴纸，变换各种色彩。

4.2 家具门板材料

集成家具的门板材料主要有烤漆板、实木门板、刨花板、模压板、吸塑板等几大类型，不同类型门板拥有各自优势。

4.2.1 烤漆板

烤漆板是目前应用最为广泛的橱柜、衣柜门板。烤漆是指对基层板材进行喷漆后，再入烘房进行加温、干燥工艺。烤漆板优点是色泽鲜艳、视觉冲击力强、表面光洁度好、易擦洗，防水防潮，防火性能较好。

烤漆板主要是以中纤板为基材，表面经过4～6次打磨，再进行上底漆、烘干、抛光

（三底、二面、一光），最后经过高温烤制而成。烤漆板可分为亮光、哑光及金属烤漆三种。烤漆衣柜门板的好处是可以在面板上做出各种图案，色泽鲜艳、易于造型，具有很强的视觉冲击力。

▲ 白色门板会显得整个空间简洁、明亮。

▲ 金色门板搭配欧式风格的橱柜，尽显豪华。

▲ 带金属质感的红色门板视觉冲击力强，让人第一时间即可关注到它。

▲ 烤漆板作为橱柜门板，抗污能力强、容易清理。制作出来的家具色泽较好、贵气十足。

4.2.2 实木门板

使用实木制作衣柜门板，风格多为古典型，以樱桃木色、胡桃木色、橡木色为主。门芯为中密度板贴实木皮，制作中一般在实木表面做出凹凸造型，外喷漆，从而保持了原木色且造型优美。配以天然木纹纹理和色泽，加上精美的雕刻工艺，不仅外观华丽，而且款式多样。实木门就是门的整体完全采用实木加工而成。它的木纹纹理清晰，具有很强的整体感和立体感，使人深感舒服，具有返璞归真的感觉。

▲ 天然的木纹纹理和色泽，给人一种回归自然的感觉。

▲ 实木门板外观华丽，雕刻精美，而且款式多样。

成品实木门具有不变形、耐腐蚀、无拼接缝以及良好的隔热保温等特点，正因为实木门是由全实木加工而成的，所以其密度高，门板厚重。

实木门具有良好的吸声性，能有效地起到隔声的作用。由于实木门是全实木制造，选材也比较珍贵，所以实木门的价格一般较高。

▲ 实木门给人以稳重、高贵、典雅的感觉，门板质地松软、量轻，不易变形及开裂。

4.2.3 吸塑板

吸塑板材质是一种无定型、无臭、无毒、高度透明的无色或微黄色热塑性工程塑料。其基材一般为中纤板，表面经真空吸塑而成或采用一次无缝PVC膜压成型工艺。

吸塑板表面平整度好，容易做出造型。用雕刻镂铣图案成型后，图案多种多样且具有立体感，并且具有优良的力学性能和良好的耐热性和耐低温性。

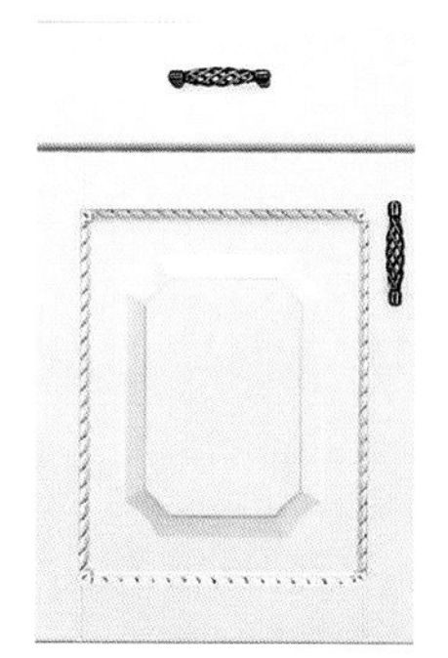

▲ 板面容易造型，雕刻镂铣后的图案在视觉上立体感强。

▲ 板面色彩纯度高，可供选择的门板色彩丰富。

▲ 板面光泽度高，能够与多种具有轻微复古的家居风格进行搭配。

▲ 无色差的板面与田园风格搭配的家具，更显朴实、自然。

4.2.4 模压板

模压板一直是欧洲厨房和卫生间、浴室等家具门板的主流材料，我国企业从21世纪90年代末期陆续开始在产品中使用。

（1）板材性能

模压板的材料通常是选择优质的中密度板，进行铣型、砂光后，在表面通过真空吸附原理，将PVC膜紧密地贴上而形成的门板和装饰板产品。

◀ 实木贴皮模压门板是指表面贴饰天然木皮如水曲柳、黑胡桃、花梨和沙比利等珍贵名木天然实木皮的模压门板。

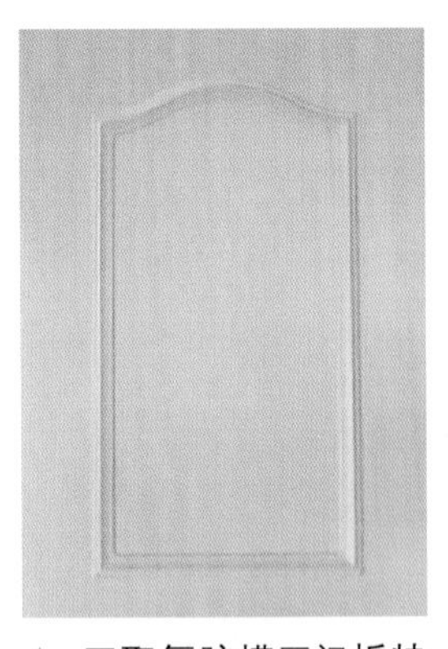

▲ 三聚氰胺模压门板特指表面贴饰三聚氰胺纸的模压门板，这个木板特点是造价相对便宜。

▲ 塑钢模压门板采用钢板为基材，经花型装饰后制成的PVC钢木门板，所以这种木板适合作为室外门。

▲ 模压门具有防潮、膨胀系数小、抗变形的特性，质量稳定，不易龟裂和发生氧化变色。

（2）应用

模压板具有防水性能好、环保性能好，以及造型和色彩纹理多样的优点，也是国内目前性价比较高和常用的产品。造型多变是模压板的一大特点，或是复古怀旧、或为时尚前卫。模压板常用于橱柜和卫浴柜的面板上。

模压板可以根据消费者的个人喜好着色，非常有个性。模压板的价格比较经济实惠，受到多数中等收入家庭的青睐。模压门有一个致命缺点：门板属于空心构造，不能浸水或磕碰；否则，会影响柜门的使用寿命。

▲ 模压板的防潮、防水、抗静电等特点使浴室远离了发霉长斑的噩梦。

（3）门板材料优势对比

表4-2 不同门板材料优缺点

类型	优点	缺点
烤漆板	表面光洁度好、易擦洗，防水、防潮，防火性能较好	价格高，制作工期长，耐磨性能欠佳
实木门板	外观华丽、雕刻精美、款式多样	原料价格偏高，工艺复杂，价格昂贵
吸塑板	外观细腻光滑、耐磨、耐刮、耐高温	易开裂，抗溶剂性差，耐磨性差
模压板	色彩丰富，无需封边操作，防水性能好，环保；造型与色彩纹理多样	由于板内为空心，不能长时间浸水

4.3 家具饰面材料

饰面板是将天然木材刨切成一定厚度的薄片，粘接于胶合板表面，然后经热压而成的一种用于家具制造的表面材料，也有中低端产品会采用PVC印刷贴皮来制作。常见的饰面材料分别有三聚氰胺、实木皮、波音软片、防火饰面板、实木薄板等饰面。

4.3.1 三聚氰胺饰面

将PVC印刷贴皮表面印上花纹后，放入三聚氰胺胶浸渍，可制作成三聚氰胺饰面纸，再经高温热压在板材基材上。由于它对板材的基材表面平整度要求较高，故通常用于刨花板和中纤板的表面饰面。经过三聚氰胺压贴饰面的此类板材通常称为三聚氰胺板，也称为双饰面板、免漆板、生态板。

三聚氰胺饰面比传统的木材贴面更环保，不含甲醛，花色多变又具有耐磨、耐腐、耐热、耐刮、防潮等优点，是全球板式家具主要生产材料，常应用于家具的面板、柜面、柜层面等装饰方面。

▲ 经过防火、抗磨、防水浸泡处理的三聚氰胺饰面，颜色较为鲜艳，更耐磨、耐高温。

▲ 加工后的饰面可以用在书桌、书柜家具表面，环保性能好。

三聚氰胺多层板和三聚氰胺细木工板又被称为生态板，厚度从2～25mm不等。按饰面效果分类分为浮雕、绒面、麻面、哑光、仿真纹、同步压纹、皮纹、瓦纹、横纹、米兰方格等。

4.3.2 实木皮饰面

实木皮饰面是将实木皮用高温热压机贴于中纤板、刨花板和多层实木板上，成为实木贴皮饰面板。因木皮有名贵木材与普通木材之分，可选择范围较大，所以根据实木皮的材质种类及厚度可区分实木贴皮饰面板档次的高低。

实木贴皮板厚度为1mm左右。不同品种，厚度不同，表面须做涂装处理。因贴皮与涂料工艺不同，同一种木皮亦可做出不同的效果。因此，实木贴皮对贴皮工艺与涂料工艺要求较高。

▲ 实木皮饰面是一层薄薄的层板，木材的自然纹理、手感及色泽都和实木家具一样。

▲ 实木皮饰面显示出实木的木纹、颜色，看起来比较高档、大气。

密度板贴上高档木材的木皮，可显出实木天然颜色与木纹，做出实木的效果，以假乱真。贴的木皮分为薄皮和厚皮两种：薄皮易透底，效果差；厚皮则质感强，效果好。

实木贴皮板因其手感真实、自然，档次较高，是目前国内外高档家具采用的主要饰面方式，但材料及制造成本较高。

▲ 实木皮饰面在外观上有实木家具的自然亲近感，而且不容易变形。根据不同需求，可以选择不同颜色、花纹的饰面，以达到实木般的效果。

4.3.3 波音软片饰面

波音软片是一种较薄的装饰纸，又名猫眼纸饰面，材质多为PVC，采用白乳胶贴于家具表面后用涂料封闭。因其易于铣型与造型，所以主要用于中密度纤维板表面饰面。

波音软片是一种新型环保产品，特点是仿木质感很强，可取代优质的原木；同时，因表面无需涂装而不存在化学污染，避免了传统装修给消费者带来的种种不适和异味，使消费者远离污染。

波音软片饰面可成为代替木材的最佳

▲ 采用耐磨性油墨印刷，同时表面覆有保护膜，不褪色，不易刮花。在施工过程中，在波音软片上面刨、修边、锯等都可以完好无损。

产品之一。当它覆盖在人工板材上后，能有效抑制板材内的有害物质挥发。板材表面粗糙的感觉在经过波音软片处理后，会显得整洁、光亮。

▲ 经过波音软片装饰后的板材家具具有美丽的纹理，给人一种自然舒适的感官享受和浑然天成的效果。

▲ 采用经过波音软片装饰后的板材制作的家具易于打理，时常擦洗，即可保持表面干净。

4.3.4 防火饰面板

防火饰面板主要用于橱柜等家具表面装饰，采用强力万能胶将板材粘贴到基层细木工板、实木板、多层板等传统木质人造板材表面。防火饰面板厚度为0.8～3mm不等，用于家具表面时一般选用1.2mm或1.5mm厚的产品。

优质防火饰面板表面图案应该清晰透彻、效果逼真、立体感强，无任何色差，表面平整光滑、耐磨。优质板材能自由卷曲2.5圈，展开后仍能保持平整。

▲ 防火板饰面有单层与多层之分，可以根据使用要求进行选择。

▲ 防火板是厨房厨具饰面的良好材料，良好的力学性能使它受到越来越多家庭的青睐。

4.3.5 实木薄板饰面

实木薄板饰面在进行贴面之前需将表面进行涂装处理，然后用胶水贴于基板之上，主要用于现场手工制作的木作部分表面饰面。由于在粘接时所用万能胶用胶量非常大，味道十分刺鼻，环保性能较差。实木薄板饰面通常用于护墙板、踢脚线等。

▲ 实木薄板饰面可用于护墙板，提升了整个居住空间的档次。

▲ 实木薄板饰面优美的线条与色泽，用在楼梯墙面时，具有较强的层次感与方向性。

4.4 家具装饰线条

集成家具为了与室内环境完美融合，需要使用装饰线条：装饰线条一方面起到收口的作用，使家具与墙体无缝连接；另一方面起到装饰美观的作用，增强家具的装饰性。

装饰线条按材质可以分为木线条、塑料装饰线条、石材线条、不锈钢装饰线条和铝合金线条等种类。

▲ 装饰线条可以美化家具外观，为良好的家居环境增添美好气息。

4.4.1 木线条

木线条应表面光滑，棱角、棱边及弧面弧线既挺直又轮廓分明，加工性质良好且钉着力强的木材经过干燥处理后，可用机械加工或手工加工而成。

木线条在家具制作中用途十分广泛，可涂成各种色彩或用木纹本色进行对接、拼接以及弯曲成各种弧线。中式家具讲究对称、稳重，造型简朴、优美，格调高雅。装饰线条多采用木线条，造型简单。

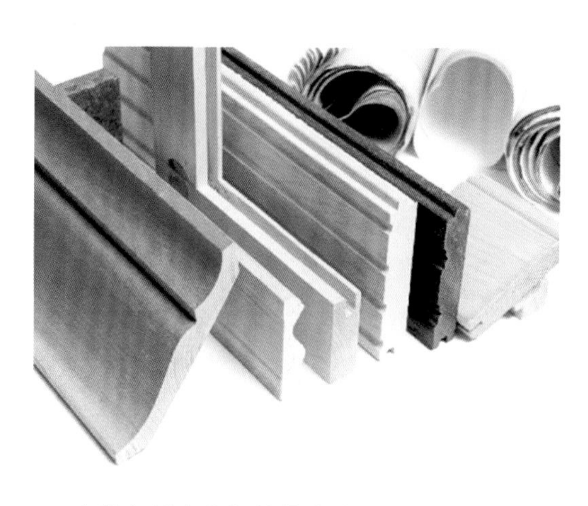

▲ 木线条具有良好的轮廓性，加工性能好且色泽优美。

▲ 经过木线条装饰的展示柜，立体造型更加别致。

4.4.2 塑料装饰线条

塑料装饰线条是用硬聚氯乙烯（RPVC）塑料制成的，其耐磨性、耐腐蚀性、绝缘性较好，经加工一次成型后，不需再经装饰处理。塑料装饰线有压角线、压边线、封边线等几种。

在不同风格的集成家具中，装饰线条亦有不同的表现手法；简欧风格摒弃了过于复杂的肌理和装饰，其装饰线条更为简单、大方。

▲ 经过加工后的塑料装饰线条可直接用于家具装饰，方法简单、实用。

▲ 经过塑料装饰线条的家具，其边角位置更加美观、立体。

4.4.3 石材线条

石材线条的曲线表面光洁，形状美观多样，可与石板材料配合，用于高档装饰的墙柱面、石门套、石造型等场所。石材线条所选用的材质多为花色丰富的大理石。拥有石材造型的法式风格家具强调优雅浪漫，以流畅的线条及精致优美的造型著称，其装饰线条装饰性较强，多采用柔和、自然的曲线，辅以精细雕花，尽显高贵典雅。

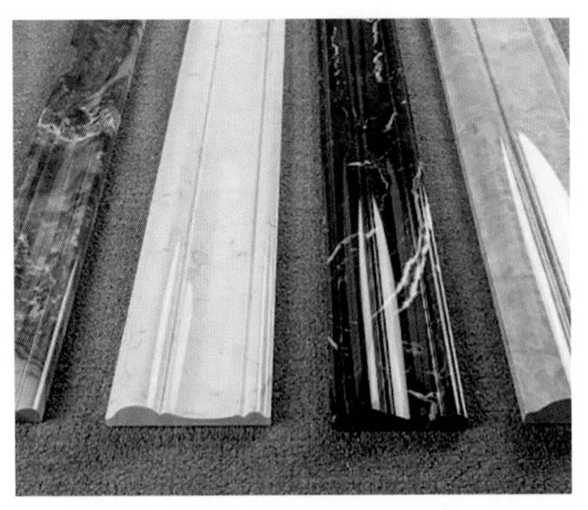

▲ 石材线条优美的曲线与厚实的质感，可以多种风格进行搭配。

▲ 使用石材线条对家具的局部进行装饰，可以增添居室空间的高贵感。

4.4.4 不锈钢线条

不锈钢线条表面光洁如镜，具有耐腐蚀、耐水、耐擦、耐气候变化等特点。不锈钢线条的装饰效果好，属高档装饰材料，可用于各种装饰面的压边线、收口线、柱角压线等处，在现代主义风格家具中常用来对家具进行收边装饰。

▲ 不锈钢外观光滑且硬度高，不易出现破损。

▲ 不锈钢线条装饰后的家具线条更为流畅，具有强烈的现代感。

4.4.5 铝合金线条

铝合金线条是纯铝加入锰、镁等合金元素后经挤压而成的条状型材。铝合金线条具有轻质、高强、耐蚀、耐磨、刚度大等特点，表面经阳极氧化着色处理后具有鲜明的金属光泽，且耐光和耐候性能良好。其表面还可涂上透明的电泳漆膜，涂后更加美观、实用。

在家具设计中，铝合金线条多用于家具的收边装饰，如厨房踢脚板、浴室防水条等细节设计上。除此之外，玻璃门的推拉槽、地毯的收口线也被广泛应用。

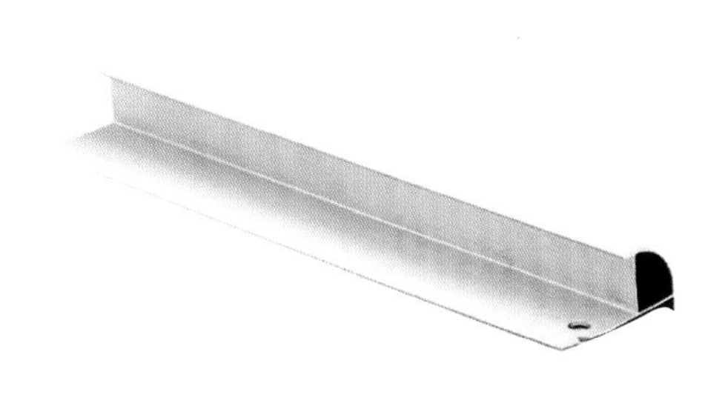

▲ 经过加工后的铝合金线条更加坚固耐用，力学性能提高。

▲ 铝合金线条应用于厨房踢脚板收边设计上时，增强了橱柜的使用功能。

4.5 常用五金配件

家具制作离不开五金配件。五金配件是连接家具的重要构件，能使家具更加坚固、耐用。家具五金配件泛指家具生产、家具使用中需要用到的五金部件，如沙发脚、升降器、靠背架、弹簧、枪钉、脚码、连接、活动、紧固、装饰等功能的金属制件，也称为家具五金配件。

4.5.1 锁

锁头可起到“单独”作用：用一把锁锁一个空间，是市面上最常见的加锁形式。锁头按锁舌形状分为方舌锁和斜舌锁。此外，“连锁”系统是在多屉柜中常采用的一种锁紧系统，也称为中心式锁紧系统。

柜门锁可以通用于单、双门。柜门锁的安装，只需在门板面板上开ϕ20mm的圆孔，采用螺钉固定。

▲ 门锁是家具抽屉的主要闭合方式，具有防盗功能。

▲ 在抽屉上安装锁具是家具设计中的常用手段，能有效防止贵重物品丢失，多层抽屉会采用“连锁”系统。

4.5.2 五金拉手

拉手在家具橱柜、衣柜中运用最为广泛，可以嵌入采用新近流行元素制作的高档橱柜配件中。其采用全新工艺制作，以艺术品的标准生产，经过电镀后采用流行仿古色等时尚颜色制作而成。拉手具有装饰作用，但最主要作用还是拉合。拉手的款式有欧式风格、田园风格及陶瓷系列、卡通系列等。

表4-3 常见拉手款式

款式	图片	特点	适用家具
欧式风格		外观雕刻精美，造型也很华丽	与欧式风格的家具搭配，增添豪华感
田园风格		带有复古气息	与木质家具搭配十分质朴、自然
陶瓷系列		光滑细腻	可以与多种家具风格搭配，较为百搭
卡通系列		色彩艳丽、造型可爱	常用在儿童家具中，深受孩童喜爱

集成家具小贴士 

家具拉手选择方法

查看拉手的面层色泽及维护膜有无破损及划痕，好的亮光拉手应该是色泽反射如镜、亮丽透彻，无半点瑕疵。应注意螺丝孔四周面积：面积越小，打在板上拉手孔的要求越准确。在选择优质拉手品牌时，若是选择进口品牌拉手，可要求查看产品的进口证明文件，以免商家弄虚作假。

4.5.3 三合一连接件

三合一连接件是指柜体板件的主要连接件，俗称三合一，可用于板式家具板与板之间的垂直连接。一些特殊的连接件可以实现两板的水平连接，以及三板交互连接，一般可用于各种厚度达15～25mm的木质天然板材与木质人造板材。

三合一连接件是指三个连接部件，分别为预埋螺母、螺栓、偏心头。螺母的材质以锌合金、塑料、尼龙最为常见；螺栓又称为连接杆，材质一般有铁质、锌合金、铁+塑料三种；偏心头的材质一般有锌合金、铝合金。三种材质各有所长，消费者可根据不同需求选择不同的材质。

▲ 从左到右：白色的塑料是预埋螺母，黑色的是连接杆，圆形铁件是偏心头。

▲ 三合一连接减少了黏结剂的使用，但是需要钉接家具后板之后才能够变稳；将预埋件完全敲入板内后，从外表面看不到三合一连接件，且不易出现缝隙。

4.5.4 挂架

集成家具的计价一般是按家具板材的展开面积（平方米）来计算的。因此，可以采取“少做层板，多做挂架”的原则，从实用角度考虑，挂衣服比叠衣服更加方便、快捷；同时，价格较为划算，板材的综合性价较挂架高。

在选购挂架时，要选购经镀铜、镀镍、镀铬三道工艺镀层的五金挂架。

▲ 优质挂架其表面光泽亮丽、视感厚实，内在结构紧密，镀层均匀；选择质量好的品牌挂架能够保证长期安全使用。

▲ 小型的侧面挂架，可以将领带、围巾、皮带挂起来，方便拿放。

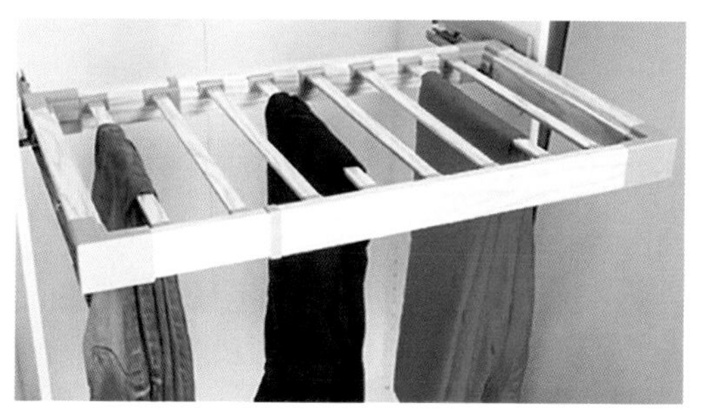

▲ 可移动的设计，不用时可随意推进去，简单收纳，不占空间。

4.5.5 铰链

铰链又称合页，是用来连接两个固体并允许两者之间做相对转动的机械装置。铰链可由可移动组件构成，或者由可折叠的材料构成。

合页主要安装于门窗上，而铰链更多安装于橱柜上，担负着连接柜体和门板的重要任务。在平时衣柜所使用的五金配件中，经受考验最多的就是铰链。

（1）铰链类型

液压铰链是铰链的一种，又称为阻尼铰链，是指提供一种高密度润滑材料在密闭容器中定向流动，达到缓冲效果的一种消声缓冲铰链。

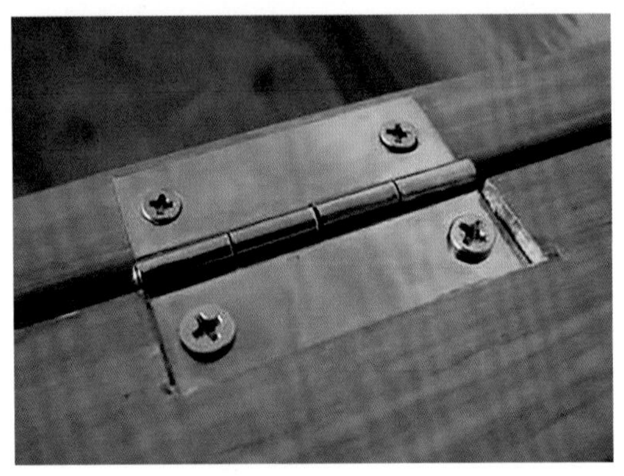

▲ 合页是将两块板面连接起来，让两者之间做转动的机械装置，主要用在房间门上。

▲ 液压铰链是在传统铰链上的性能提升，能够最大限度地减小关闭柜门时发出的声音。当门关闭角度逐渐变小时，液压铰链的复位弹簧所产生的回复扭力也会随之递减。

玻璃门铰是连接柜板与玻璃门并能使之活动的连接件，其工作原理与合页类似。弹簧铰链由可移动的组件或者可折叠的材料构成。铰链分为全盖（或称直臂、直弯）、半盖（或称曲臂、中弯）、内侧（或称大曲、大弯）。

▲ 玻璃门铰是专门连接玻璃与玻璃、玻璃与柜板的连接件。

▲ 弹簧铰链主要用于橱门、衣柜门，其一般要求板厚度为18～20mm。

（2）铰链开合类型

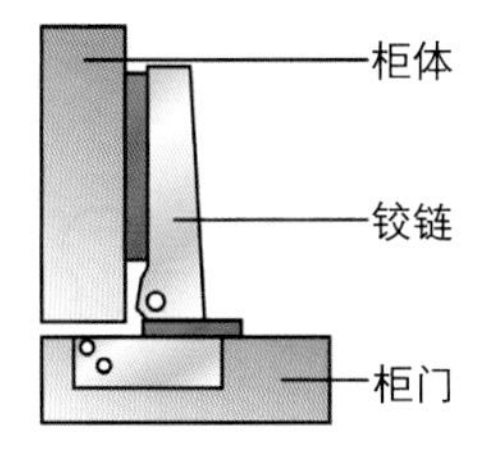

▲ 全盖铰链，用于家具柜体靠边的柜门安装，柜门安装后能完全遮挡住柜体垂直板材。

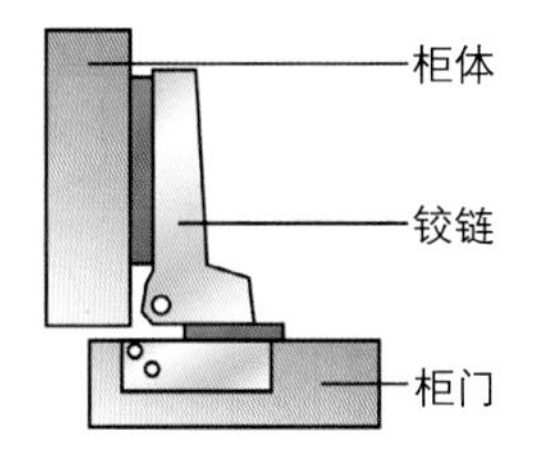

▲ 半盖铰链，用于家具柜体中央的柜门安装，柜门安装后能遮挡住一半柜体垂直板材。

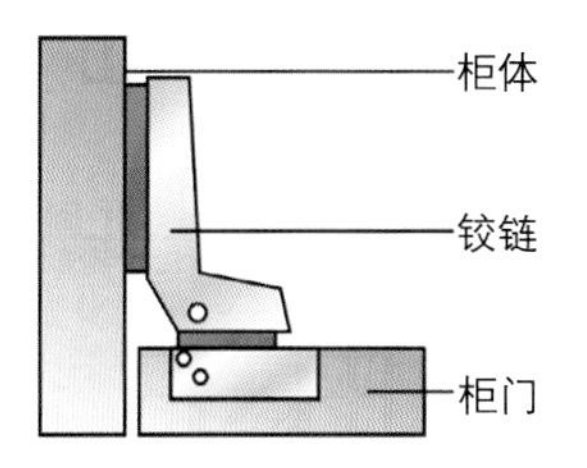

▲ 内盖铰链，用于家具柜体内部柜门安装；柜门安装后，柜门表面与柜体垂直板材表面平行。

集成家具小贴士 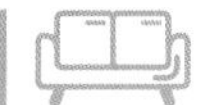

铰链质量

铰链质量差的柜门用久了就容易前仰后合、松动下垂。劣质铰链一般是由薄铁皮焊制而成，几乎没有回弹力，长时间使用会失去弹性，导致柜门关不严实，甚至开裂；优质铰链在开启柜门时，力道比较柔和；关至15° 时会自动回弹，回弹力非常均匀。

4.5.6 滑轨

大大小小的抽屉能否自由顺滑地推拉，承重如何，全靠滑轨的支撑。

滑轨又称为导轨、滑道，是指固定在家具的柜体上，供家具的抽屉或柜板出入活动的五金连接部件。滑轨在集成家具中常作为抽屉导轨及门滑道，其他场合如试衣镜也会用到滑轨。

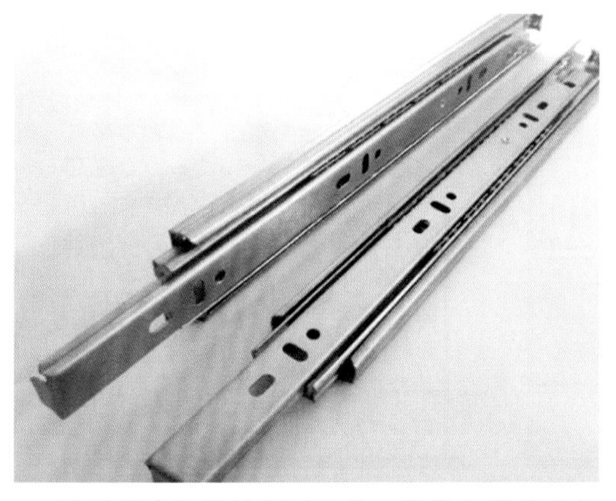

▲ 抽屉导轨是供抽屉运动的，通常为带槽或曲线形的导轨，常装有球式轴承。

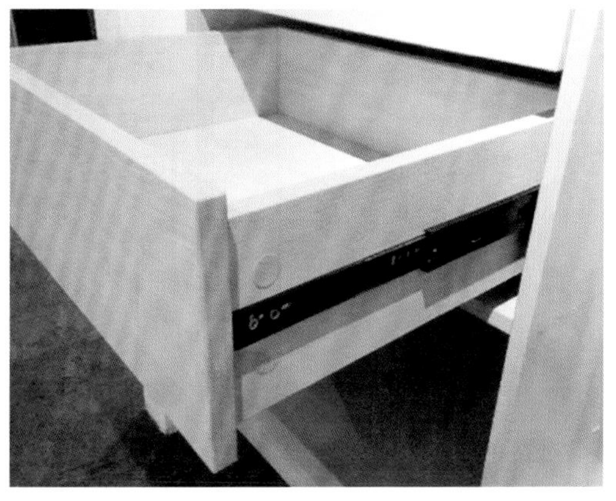

▲ 在抽屉中设计导轨，是为了保障抽屉的正常运行轨迹。

移动柜门能够有效节省室内空间，尤其适合在小户型住宅空间中使用。只是在使用一段时间后，原本光滑的柜门推拉时特别不顺畅，很可能出现拉不动的情况，这是因为滑轮承重及移动、使用次数多了，就会出现磨损以及出现移动不顺或者跳轨现象。因此，选择滑轮的材质很重要，滑轮的材质决定了滑动时的舒适度。

▲ 移动柜门是家具中活动比较多的部件，其配套的滑道起到非常重要的作用。

4.5.7 磁碰

磁碰常用于家具柜门，如衣柜、储物柜等，其作用原理是利用有磁性的两部分相互吸引从而牢固结合达到锁紧的作用。

▲ 利用磁碰的磁性原理，将家具柜门锁紧。一般安装在柜门内侧的顶板上面。

4.5.8 气动支撑杆

气动支撑杆用于构件提升、支撑、重力的平衡和代替精良设备的机械弹簧等；利用气压杆原理，可起到升降的作用。气动系列气弹簧以高压惰性气体为动力，在整个工作行程中支承力是恒定的，并具有缓冲机构，避免了到位的冲击。

五金配件一般用于板材之间的链接，或者用来移动柜门。当五金配件质量不过关时会容易生锈或断裂，生锈的五金配件也会对板材造成影响。

▲ 气动支撑杆是利用气压杆的气体进行操作的设计。

▲ 气动支撑杆常用于气压床，开、关起来都很省力，又可以合理地利用床板下面的空间。

第5章

定制集成家具制作工艺

识读难度：★★☆☆☆

核心要点：制作工具、制作工艺、拆单、家具预装、包装、运输

章节导读：家具的制作工艺水平决定了家具的造型与质量，良好的制作工艺与制作模式能够保证家具的完整性与美观性。成品家具虽然有即买即用的优势，但存在尺寸与空间难以完美匹配的问题。因此，定制集成家具在制作上会更有优势。

5.1 常用制作设备

家具制作对数据的要求非常精细，传统木工使用的工具更是琳琅满目、种类繁多。如今在集成家具的制作过程中，会使用到很多专业木工设备与工具，这能让家具制作更加简单、便捷，大大提升工作效率。

5.1.1 电子开料锯

在定制家具生产中，开料设备有两种类型。一种是电子开料锯，也称为电脑裁板锯，这是一种先进的数字化加工设备，可用于裁切多种板材。电子开料锯具有裁切精确度高、损耗低、锯口精准、整齐等特点。另一种是数控加工中心开料设备，数控加工中心可以为曲线板件开料，其基本原理是用铣刀沿着板材边边缘直接铣削，凹槽深度超过板材的厚度，从而达到切割目的。

电子开料锯采用红外线扫描，离锯片10mm之内有异物时，锯片会自动下沉，防止事故发生。目前应用最为普遍的是电子开料锯，相对于数控加工中心开料设备，电子开料锯操作更流畅、简单。

▲ 电子开料锯的伸缩型靠尺令长板件的锯切更准确，并能节约工作空间，裁切出来的板材为矩形。

▲ 数控加工中心开料设备可以对不规则的曲线板件进行开料，裁切出不同造型的板件，如多边形、圆弧形等，解决异型家具制作困难的问题。

5.1.2 雕刻机

电脑雕刻机有激光雕刻和机械雕刻两类，这两类都有大功率和小功率之分。

电脑雕刻机采用对断点记忆方式，保证可在意外（断刀）情况下加工或隔天作业加工，拥有多个工件与加工原点的保存方式。大功率切割不仅使雕刻精细无锯齿，还能使底面平整光滑、轮廓清晰。

▲ 雕刻机适用于大面积板材平面、实木家具、密度板免漆门雕刻、橱窗门雕刻。

▲ 雕刻机一般多为双轴或四轴，能同时雕刻多个不同或相同造型，工作效率高。

5.1.3　型材切割机

型材切割机又称为砂轮锯，适合锯切各种异型金属铝、铝合金、铜、铜合金、塑料、碳纤维等材料，特别适于铝门窗、相框、塑钢材及各种型材的锯切；也可以用于对金属方扁管、方扁钢、工字钢及槽型钢等材料的切割。

型材切割机操作简单，效率高，既可以做90° 直角切割，也可以在角度为0° ~180° 范围内任意斜切。其具有安全可靠、劳动强度低、生产效率高及切断面平整、光滑等优点。

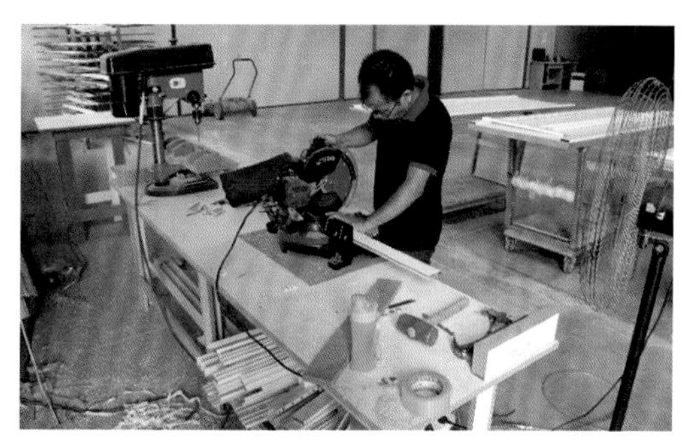

▲ 型材切割机主要用于切割轻钢龙骨、角钢、螺纹吊杆、钢筋等金属材料。

5.1.4　封边机

封边机能将封边的程序高度自动化，能完成直面式异型封边中的输送、涂胶贴边、 切断、前后齐头、上下修边、上下精修边、上下刮边、抛光等诸多工序。

其适用于中纤板、细木工板、实木板、刨花板、实木多层板等直线封边修边等，可一次性完成双面涂胶封边带、切断封边带、粘接、压紧、齐头、倒角、粗修、精修等工序，具有粘接牢固、快捷、轻便、效率高等优点。

▲ 自动化封边机可以一次性完成输送封边板、送带、上下铣边、抛光工作的自动化生产。

5.1.5 木工台锯

木工台锯分为两种：一种是工厂定制好的，但是体量较重，现场施工时很少能够搬入；另一种则是现场临时组装的简易木工台锯。通常是将电圆锯倒装在自制的木工台面上，木工台面由板材和支撑脚组成，并配以靠尺和推板组合而成。

木工台锯可以用于板材裁切和方料锯切操作，具有数据准确、裁切规则等特征。

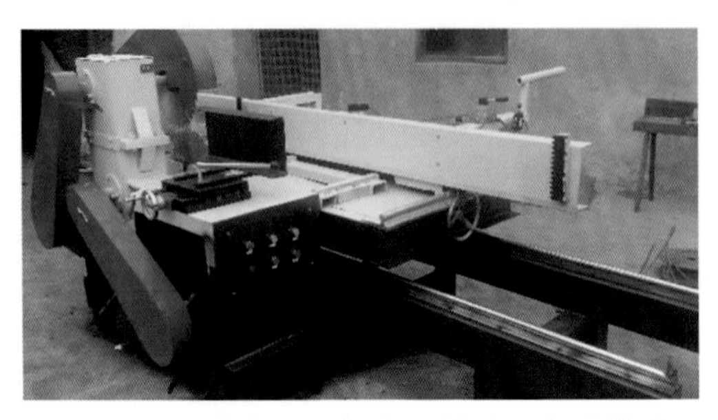

▲ 工厂定制的木工台锯体量较重，由于其重量及其他因素，一般不应搬入施工现场。

▲ 简易木工台锯安装快捷，体积较轻，可以搬进施工现场完成作业。

5.1.6 气动钉枪

气动钉枪又称为气动打钉机、气钉枪等，是以气泵产生的气压作业的高压气体带动钉枪气缸里的撞针做锤击运动。气动钉枪的种类很多，木工常用的种类有直钉枪、钢钉枪、码钉枪、蚊钉枪等。

表5-1 气动钉枪的种类

种类	图片	特点	用途
直钉枪		使用的钉子为直行钉	主要用于普通板材间的连接和固定
钢钉枪		比直钉枪体型、重量、冲击力更大	不仅可以用于板材，还可以用于墙体
码钉枪		枪嘴结构与其他钉枪不同，其枪嘴为扁平状，适合于码钉的射出	主要用于板材与板材之间的平面平行拼接

续表

种类	图片	特点	用途
蚊钉枪		与直钉枪造型一模一样，只是体型上略小一点，它的枪身放不下直钉，只能放专用的蚊钉；在打钉的时候需要倾斜45°，斜着钉	主要用于饰面板等较薄的饰面材料的固定，钉完后无明显的钉眼，较为美观

5.1.7　修边机

修边机分为固定式和活动式，大多用于木材倒角、金属修边、带材磨边等，也称为倒角机。修边机通常是由电动机、刀头及可调整角度的保护罩组成。在木工操作中，修边机主要用于修平贴好的饰面板和木线条边缘，不仅能用于木材边缘造型倒角，还能雕刻简单花纹；具有粗磨、精磨、抛光一次性完成的特点，适用于磨削不同尺寸和厚度的金属带的斜面、直边。

▲ 活动式修边机可以直接手持式操作，对打磨木材的边角进行修边、磨边。

▲ 固定式修边机需固定好设备，将木材慢慢地推入进行精磨。

5.1.8　风批

风批又称为风动起子、风动螺丝刀等，是可用于拧紧和旋松螺丝、螺帽的气动工具。风批是用气泵作为动力来运行，主要用于各种装配作业。由于风批装配螺丝速度快、效率高，已经成为家具安装操作必不可缺的工具。风批主要用于石膏板安装、家具柜门门铰链安装。

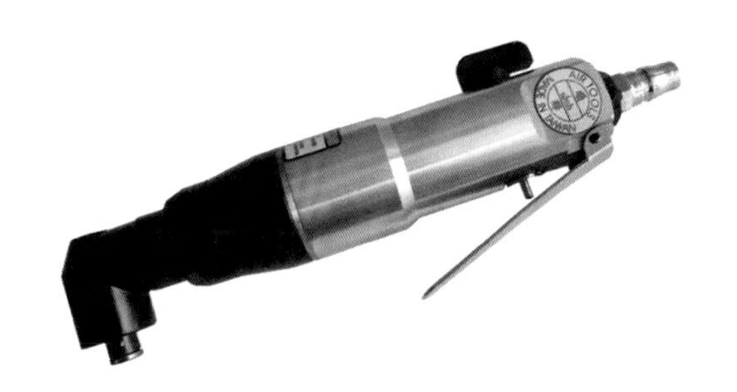

▲ 使用风批时，只需按下转动开关，确认转动方向，根据需要调整转速、转动力度即可；其能将各种螺钉固定。

5.2 柜体制作工艺

☑ 家具柜体制作工艺步骤

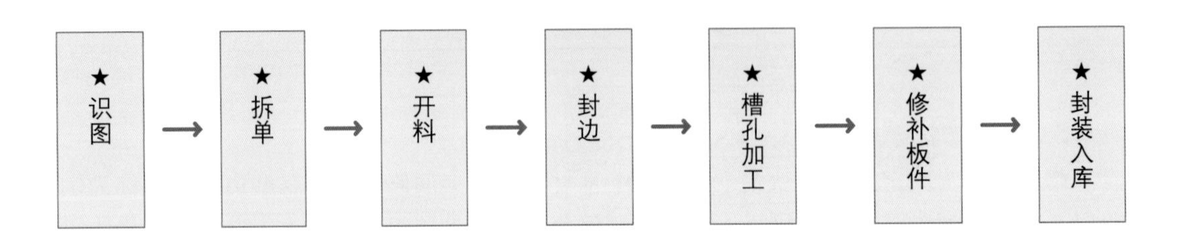

5.2.1 识图

集成家具的设计图纸一般由终端销售门店的设计师完成，在正式下达生产任务前，必须对设计图纸进行审核，以确保设计不会出现失误，生产任务方可正确进行。

5.2.2 拆单

拆单工序是指从设计图纸到加工文件的转化阶段。拆单的任务是把前期设计好的家具订单拆分成为具体零件，并且根据零部件的加工特性对加工过程中的分组、加工工序、加工设备等详细步骤进行规划。

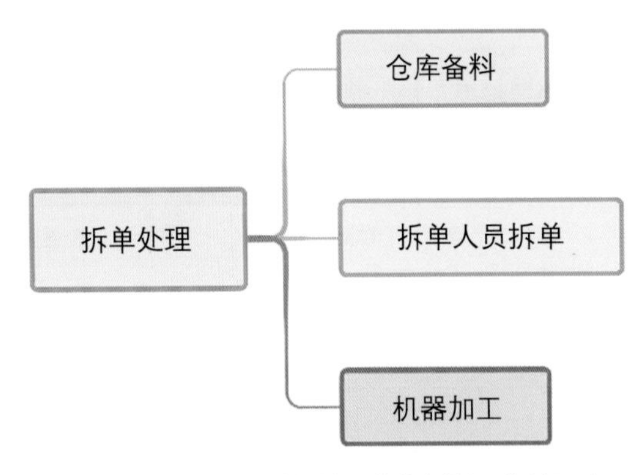

▲ 家具拆单是对家具结构的全方位剖析，能够更直观地了解家具构造。

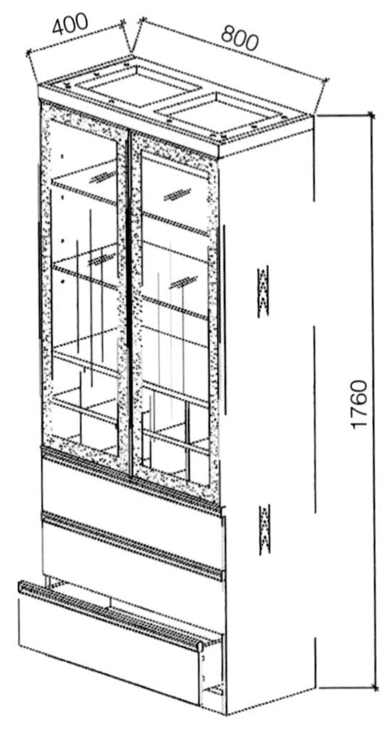

▲ 集成家具设计的图纸在下单之前都要进行审核，审核通过后方可进入下一步操作流程，不通过则需返工。绘制图纸以三维轴测图为主，然后再对图纸进行拆分，可以采用专业家具设计软件来完成，工作效率会更高。

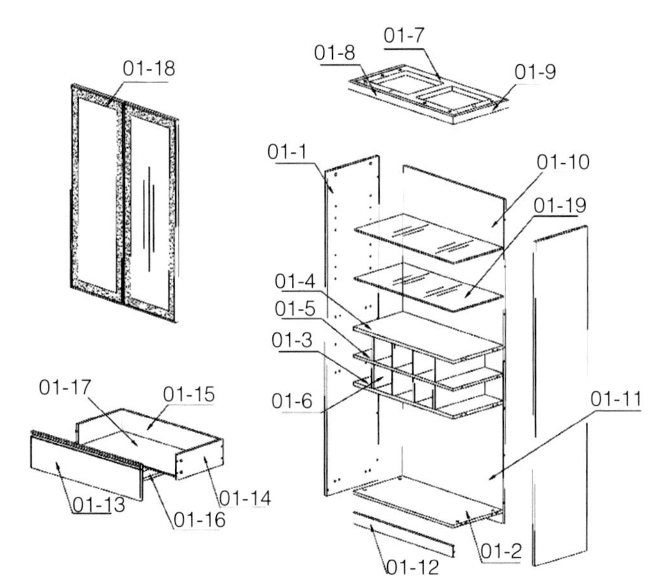

▲ 对轴测图进行拆单，这里会用到专业的拆单软件，如云熙家具软件，对绘制完成的轴测图进行拆单。

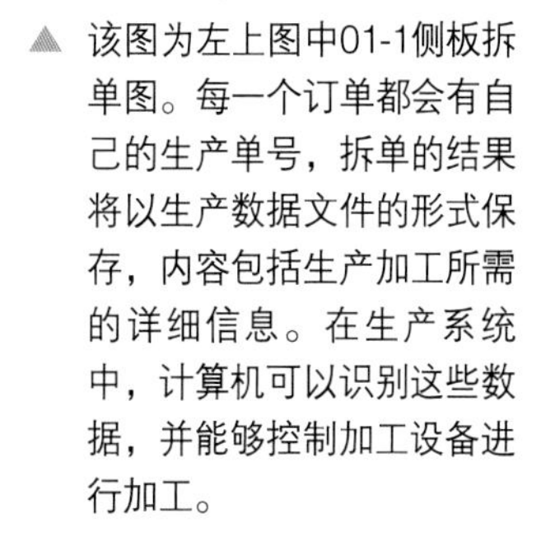

▲ 该图为左上图中01-1侧板拆单图。每一个订单都会有自己的生产单号，拆单的结果将以生产数据文件的形式保存，内容包括生产加工所需的详细信息。在生产系统中，计算机可以识别这些数据，并能够控制加工设备进行加工。

集成家具小贴士

云熙家具软件

无论家具复杂程度如何，都要进行拆单处理。拆单的目的不仅是工业化的生产流程，而且能节省板材，经过拆单后的板块通过重新拼装、裁切、下料，能最大化地利用原材料。云熙家具软件不同于本书第3章介绍的其他家具设计软件，云熙家具软件可专用于家具生产、制造厂商绘制集成家具图纸，并对集成家具进行自动化拆单。这个软件一般不用于设计研发，只是用于生产，且其为商业收费软件。

目前，拆单过程已经可以通过计算机完成，得益于高速的互联网云系统，整个过程只需要几秒钟，大大提高了生产效率。拆单操作一般被整合到消费者管理系统（CRM）中，可实现前端设计销售和生产的高效对接。

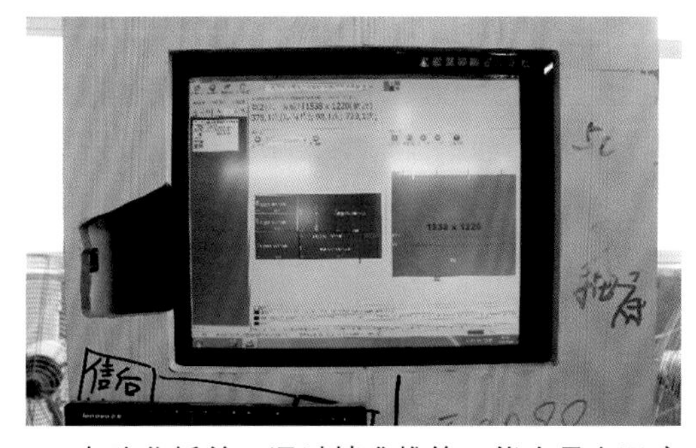

▲ 电脑化拆单，通过精准推算，能在最大限度下，节省板材，合理拆单，减少不必要的原料浪费。

共 页第 页

开料明细表				制表	
				校对	
产品名称	酒柜	产品型号	83311	审批	
产品规格	800×400×1800	产品颜色	金柚色	版制	

单位 mm

序号	零部件名称	零部件代号	开料尺寸	数量	材料名称	封 边	备 注
1	外侧板	01-1	1859×375×18	2	金柚色刨花板	4	
2	底板	01-2	761×359×15	1	金柚色刨花板	4	
3	层板	01-3/4	761×359×18	2	金柚色刨花板	4	
4	顶板	01-7	749×375×40	1	金柚色刨花板	4	成型开料
5			760×390×15	1	金柚色刨花板		
6			760×60×25	2	金柚色刨花板	封 1 长边	加厚
7			270×60×25	3	金柚色刨花板	封 1 长边	
8	上背板	01-10	907×761×15	1	金柚色刨花板	4	
9	下背板	01-11	951×761×15	1	金柚色刨花板	4	
10	前脚条	01-12	761×59×15	1	金柚色刨花板	4	
11	格横板	01-5	761×359×15	1	金柚色刨花板	4	
12	格立板	01-6	280×359×15	4	金柚色刨花板	4	
13	抽面板	01-13	797×167×15	3	金柚色刨花板	4	先开槽后封边
14	抽侧板	01-14	349×129×15	6	金柚色刨花板	4	
15	抽尾板	01-15	710×129×15	3	金柚色刨花板	4	
16	抽底拉条	01-16	333×79×15	3	金柚色刨花板	4	
17	抽底板	01-13	345×722×5	3	金柚色		
18	顶板前条	01-8	800×41×25	1	实木 [水冬瓜]		
19	顶板侧条	01-9	376×41×25	2	实木 [水冬瓜]		

▲ 自动拆单完成后会生成开料明细表，这是后期组装与包装的必要资料，会随家具送到安装现场，指导安装人员进行安装。

5.2.3 开料

高效开料是集成家具生产的关键。拆单后将数据通过计算机传送到电子开料锯上，工人只需选择相应的文件，电子开料锯会根据文件中的数据裁切板材，经过网络联机的条码打印机打印出条形码。工人只需扫描板件的条形码，加工设备就会自动地对板件进行加工。

普通裁板锯一般是作为电子开料锯的补充，一些非标准、少量板件裁切可以用它来完成，如运输过程中被损坏需要补发的板件。

▲ 为板材制作条形码身份，在开料时直接扫码就能提取开料信息。

▲ 电子开料锯会根据数据进行裁切板材，同时联机打印出板材条形编码。

在家具厂中有许多这样的轨道，由于家具制作流程烦琐，每一步工艺都是一环套一环，在生产的过程中，板件需要到达不同的工艺制作点（或区域）。因此，当每一步工序完成之后，工人将板件放置在轨道上，启动按钮就可以将板件运输到下一工艺制作区域，这样的设计十分便捷。轨道中部还留有行人安全通道，运输时将活动轨道连接固定轨道，就能形成完整的轨道运输。

▲ 轨道运输极大地便利了板件在工厂中的搬运问题，提升了家具生产效率。

5.2.4 封边

集成家具板件的封边与普通板式家具基本一致，为了适应小批量、多品种的要求，针对封边工序做了大量优化工作。集成家具主要采用全自动封边机对家具板件进行封边，具有高自动化、高精准度和高美观度等特点，目前全自动封边机已经在国内集成家具生产企业中得到广泛应用。由于国内如今仅能生产直线全自动封边机，在曲线异型封边领域尚无法生产。因此，一些异型家具仍然需要手动封边。

▲ 新型封边机在对板材进行封边时，只需将板件放上封边机轨道即可，真正实现了全自动封边。

▲ 根据不同板件的色彩型号，可选用色彩相近或者同型号的封边线条。

手动封边机采用手动控制，封边作业范围大，可保证热熔胶不糊不漏，适用于各种板材的直曲线封边，体积小，重量轻；手动封边机功能超越普通进口直线封边机，适合各种家具、橱柜、教具等生产厂家使用。

▲ 相对于自动封边机，手动封边机对异型板件的封边能达到良好的封边效果，而自动封边机对规整类的板件封边性能较好。

5.2.5 槽孔加工

集成家具的槽孔加工大多使用数控钻孔中心完成，数控钻孔中心可以在一台设备上实现板件多个方向上的钻孔、开槽、铣削等加工；无需人工对设备进行调整，只需在加工前对板件的条形码进行扫描，设备就可以自行对板件进行加工，避免了传统板式家具槽孔加工环节中多台设备调整复杂、工序繁多的缺点。加工完毕的板件需要对表面残留的木屑等进行清洁；同时，需要对板面上的胶水线、记号和其他残渣进行清洗。根据板件的批次、尺寸和力学等各方面的要求，将板件堆放到推车上，等待进入下一步工序。

▲ 数控钻孔中心可根据数据信息对板材进行自动钻孔作业。

▲ 处理完毕后需要对板材的表面进行清洗残渣。

孔槽加工与开料都是属于机械作业，在生产过程中为了防止发生意外事故，在每一台机械上，都有一个紧急制动按钮。当发生卡板或者其他问题时，工人只需顺时针旋转这个按钮，机器就能马上停止工作。

▲ 在发生紧急事件时，旋下这个按钮，机器就能马上停止工作。

5.2.6 修补板件

集成家具在生产过程中，在各个生产环节，难免会有少许摩擦与碰撞，虽然只有极其细微的伤痕，直接报废板材显然不是明确的做法；而经过修补处理过后的板件，可以达到良好效果。

▲ 将修补腻子加上颜料搅拌，调制成与板材相近的颜色，能够有效地遮住板材上的伤痕。普通家具可用腻子粉修补，中高档家具或金属部位可用原子灰修补。

▲ 将调制好颜色的腻子浆涂在板件上，凝固后用砂纸打磨，让修补过的部位光滑平整。对大多数板材，其颜色都能买到色彩相同或近似的腻子，但是部分非主流板材品种还需要人工调色。

5.2.7 封装入库

板材所有工序制作完毕后，还需要用专业的机器将板材入库以统计数据。

▲ 所有制作步骤完毕后，将成品板材放入库房，按编码放置，等待物流出仓。

5.3 门板制作工艺

柜类家具一般都会带有门，门的作用是分隔柜内和室内环境，防止灰尘、潮气等进入柜内。柜门是需要频繁开启的活动部件，集成家具常用的两种开门方式是平开门和移门。具体采用哪种开门方式，取决于实际使用需求。

☑ 门板制作工艺步骤

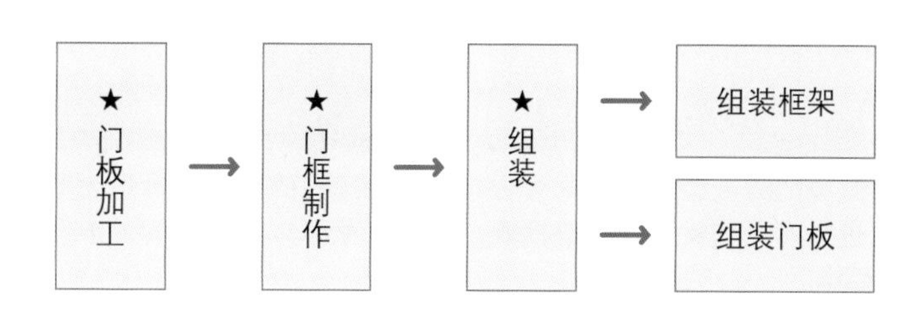

现在，越来越多的人都会选择可推拉的衣柜门（移门、滑动门、壁柜门），其轻巧、使用方便、空间利用率高，定制过程较为简便。平开门对空间的要求高于移门。因此，面积大、自重大的门多采用移门。

▲ 通常情况下，由于人造板框架的高度有限，移门的高度一般不会做到顶，会在顶部预留一部分空间，这样也方便移动并制作顶角装饰线条。

▲ 金属框架的门高度不受限制，一般采用表面覆膜的方式与外框搭配，以达到整体平衡。

5.3.1 门板加工

门板材料多种多样，可根据消费者要求制作人造板材、织物软包以及玻璃图案、透雕图案等。板材加工和柜体工艺一致。

织物软包一般是以人造板作为基材，在表面粘贴海绵等填充物，最后包覆上织物、玻璃和艺术玻璃与透雕板等材料。壁柜门的木板，最好要选择8～12mm的厚度，这样使用起来更为稳定、耐用。

▲ 门板在制作时可做成凸凹造型，家具厂可根据消费者的要求进行门板基材加工，门板表面也可做成其他装饰。

▲ 加工好的门板用薄膜包覆，检查完毕，装箱封存。

集成家具小贴士 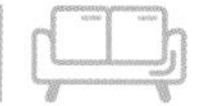

实木门板优缺点

实木门板有非常独特的纹理和光泽，会给人一种十分古朴的感觉，无论是从内部还是外部来看，都能营造一种温情自然的气氛。

实木门板的多数优点都直接来自于它的原材料。采用天然的实木作为门芯，再经过一系列工艺加工处理，制造出来的实术门板往往十分环保，而且具有相当良好的隔声性能；同时，它具有不易变形、耐腐蚀以及隔热保温的特点。

实木门板的价格比较昂贵，因为制造实木门板所用的材料大多是一些比较名贵的木材，比如樱桃木、胡桃木等，并且制造工艺相对复杂，高昂的价格使得它并不能很好适应消费市场。另外，实木门板不宜清洁，阻燃性能较差，不适应普通国内家庭环境。

实木门板在使用过程中要保持干燥，遇到潮湿时会使其发生膨胀并且加速老化。尤其是底部、门脚这些比较难以注意的地方，保持良好的通风是最好的保养方法。

5.3.2 门框制作

门框加工受限于人造板的尺寸，如果直接使用人造板作为边框的门，高度上最大尺寸为2400mm左右，金属框架的门高度可以达到3600mm。门的具体高度可以根据消费者要求来制定，一般最高不会超过室内净空2800mm。

目前，家具制作中常用的金属框是铝合金型材。为了与柜体的外观搭配，一般也需要在型材表面覆膜。

▲ 通常人造板框架的高度有限，一般不会做到顶。如果要做到顶，就需要对柜体分上、下两段制作。

▲ 金属框架的门高度不受限制，一般采用表面覆膜的方式与外框搭配，达到整体平衡。

门框的结构有两种：一种是45° 拼角框；另一种是垂直组合框。在拼角拼接时，需要在角部塞入预埋件，然后用螺钉将门框固定；在垂直拼接时，直接将横线框的端头用螺钉固定到竖框上。

▲ 45° 拼角框在外形上呈现出45° 的倾角，纹路更深刻。

▲ 垂直组合框是直接与门板组合，没有任何弧度。

5.3.3 组装

以集成家具衣柜移门为例，家具门板在组装上基本实现了模块化，消费者可以根据需求选择边框、嵌板等样式，安装施工员只需要根据设计图纸的要求就可以进行组装；门板上一般已经预留好了钉眼，只需用工具进行安装便可。

▲ 预埋连接件，将框架打孔，组合好的框架用五金件连接起来，将最底部的一块框架预留，给进板预留空间。

▲ 组装好框架后，开始嵌板，有的消费者会选择整面板；也有部分消费者会选择不同颜色拼接的门板，工序上有所变化。

▲ 拼接的门板两块板面中间加铝合金线条，可遮住板面切面的缝隙，增加板面的美观性。

▲ 进板完毕后，装上底部预留的框架，同时装上顶部滑轮。

▲ 门板安装完毕后，在框架与门板的交接处打入白色乳胶，保证框架与门板处的无缝连接。

▲ 最后将门板安装到柜体上，室内家具的装饰效果就出来了。不同门板有不同的风格，消费者可以根据家具的整体风格选择家具门板。

集成家具小贴士 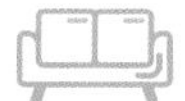

装饰线条

装饰线条能起到美观的作用：一是突出或镶嵌在墙体上的线条，能够有效装饰整个墙面的立体感，增强墙面的美观性；二是在装饰面上的应用。装饰面上的线条主要对饰面起到“遮丑”作用，可增强家具的美观性；同时，能够有效保护板面的完整性。

5.4 饰面制作工艺

☑ 饰面制作工艺步骤

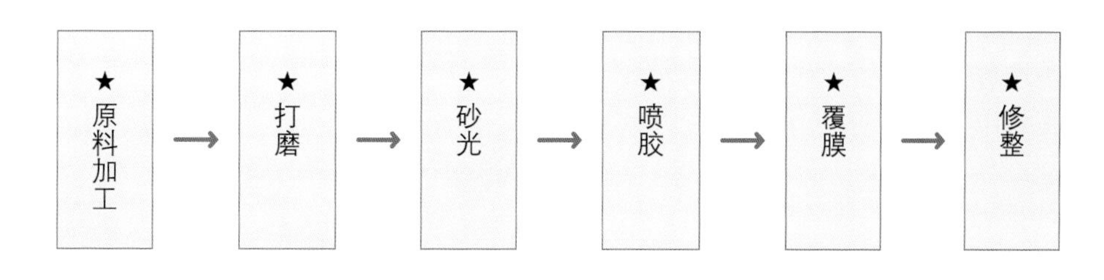

目前，市场上出现的高档家具多为原木结构，如实木床柜、实木餐桌等，都是由原木制成的板材拼装而成，但这种生产方法的价格较高。

新的饰面板材的出现使家具的外观有了更大变化，饰面板材约占市场销售的80%。它的基材板采用刨花板、中纤板和细木工板，可在板面上进行贴纸倒膜而成，在视觉上与实木家具差别不大，但价格更低，更容易被消费者接受。

涂料工艺的装饰效果较好，但是生产周期较长且日常使用中需要精心呵护。因此，从经济性和安全性考虑，一般使用免漆贴面工艺比较多。

免漆贴面工艺可用于家具面板、门、装饰板等部分的装饰。这些部分由于需要直接面对消费者，所以被称为“见光”部分。柜体的板材在采购时一般已经在板材厂家进行了贴面操作，无需再次覆膜或装饰，只需封边即可。“见光”的零部件由于造型、风格比较特殊，无法直接采购贴面的板材，需要进行表面装饰。

▲ 免漆技术是在板材表面“见光”的部分包覆一层装饰层。

▲ 免漆技术被广泛应用于家具的面板、装饰部分，操作简单且光泽度好。

覆膜的方法有多种。平整面或规则型面可以用后成型方法覆膜，表面带有雕刻装饰或较复杂造型的板件常用的是真空覆膜技术。真空覆膜技术可以实现零件的单面或双面覆膜。真空覆膜技术使用的设备是真空覆膜机，也称为真空吸塑机。

真空覆膜技术主要适合对各种橱柜门板覆膜、软包装饰皮革等材料表面及四面覆PVC、木皮、装饰纸等，可以将各种PVC膜贴覆盖到家具、橱柜、音箱、工艺门、装饰墙板等板式家具表面，并可在加装硅胶板后用于热转印膜和单面木皮的贴覆工作。

5.4.1 原料加工

真空覆膜使用的基材一般为纤维板。纤维板质地比较均匀，表面铣削成型质量好，适合作为覆膜的基材。

纤维板基材加工包括开料和铣型，其中铣型加工可以使用数控雕刻机来执行。

▲ 真空覆膜机利用抽真空获得负压，对贴面材料施加压力，也可以在异型板材表面上均匀施压；经过真空覆膜后的板件外观精美，图案造型饱满。

▲ 数控雕刻机是用来加工板材的纹路，加工后的板面看起来更加富有凹凸感，纹路更深刻。

因为其主要用来加工板材表面纹路，可以在板件的表面铣削出纹样，也可以加工板件的边缘造型。

5.4.2 打磨与砂光

雕刻加工后的板件需要经过打磨、砂光，确保板件的表面均匀，尺寸精准：打磨完成后应进行除尘处理，防止灰尘造成胶合强度下降。

对于用得较多的凸出浮雕纹样可以使用预制件粘接的方式，将预制的塑料雕花、线条等粘贴到板件表面，使板面具有更多纹样。

▲ 经过雕刻加工后的板件，还需要经过打磨、砂光，保证板面光洁，才能进入下一个工序。

▲ 将切割好的基材进行打磨、砂光，处理的光滑板面更容易覆膜。

5.4.3 喷胶

可在基材表面均匀地喷涂上胶水，喷胶车间对于室内温度和清洁度要求较高，较低的温度会影响胶水的粘接效果。

喷胶时，要预先将板面和四边的余灰吹干净，并根据贴面材料的要求调整喷胶量和喷涂方法。待喷胶完成后，将板件移送到晾干区域陈放一段时间后，准备进入下一道工序：夏季需要20 ~ 30min；冬季需要40 ~ 60min。

▲ 自动喷胶机可以均匀地将板材表面进行喷胶处理，喷胶时可根据贴面材料的要求调整喷胶量。

▲ 将处理后的板材放置在晾干区进行风干处理。

5.4.4 覆膜与修整

覆膜工序使用真空覆膜机来加工，可以一次性加工多个板件；将板件放置在覆膜机上，通过加热使膜软化，抽真空产生负压，并将贴膜压紧到板件表面。

覆膜后的板件表面较为单调，且由于贴面材料本身的柔韧性和延展性限制，在造型方面微小曲面部分半径不会很小，导致线条不够清晰、锐利。这时可以根据家具风格的要求进行手工装饰，如在雕花表面进行描金或描银操作。经人工装饰后的板面更加美观，且由于手工加工的痕迹较重，价值感更强。

覆膜后的板件，边缘会留下膜的残余，需要工人手工用刀片将多余部分修整掉。中空的板件覆膜后，孔洞会被遮盖，也需要手动进行裁剪、修整，将这些多余残膜处理完毕后，方可进入下一工序。

▲ 板材覆膜后，外表看到的效果和直接进行雕刻的效果一致，具有加工效率高、材料利用率高等优势。

▲ 实木饰面板因其手感真实、自然，是目前国内外高档家具采用的主要饰面方式，能达到良好的视觉效果；家具饰面能够美化家具表面，拥有均匀纹路，非常美观。

▲ 家具饰面造型被越来越多的消费者所接受，无论是做工还是配色工艺都很精细化。

5.5 规模化生产

集成家具的高效生产主要取决于生产系统的自动化和信息化水平。有别于传统板式家具生产方式，集成家具为了大规模生产而进行了各种改进和优化，集成家具的生产系统能满足家具多品种、小批量生产及缩短产品生产周期的要求，还可不断优化生产工艺。

5.5.1　标准化生产

在传统生产工艺流程中，主要是通过人工辨识原材料和板件。这种方式的缺点是效率低下、准确度差，对员工的素质要求较高。在生产过程中，容易因为员工的错误判断导致生产中的失误。目前，我国生产中主要采用的板件识别技术是条形码。

▲ 自动化生产线为集成家具的高效生产提供了强有力帮助。

▲ 每一款板材都有条形码身份，包装标签的内容一般会包括订单的编号信息、物流的目的地、包装编号、产品名称；每一款板材历经开始制作到后期出货后，会直接送到消费者家中。

条形码包括一维条码和二维条码，其基本原理是用数字编码技术存储信息，用扫描设备进行编码识别，因为在两个方向上都可以存储信息。二维条码的存储量比一维条码更多，且占用空间更小，信息耐损毁能力更好，因而成为家具生产的主流。

目前，订单信息可以通过图纸、标签、条码等方式表现，生产端可通过人工、扫条码、直接接收输入信息等方式识别订单信息，零件信息内容应配合生产与零件分拣、包装、发货、标签关联信息等。

一般条形码应包含零件的常用信息，如零件名称、订单号、用户、零件编号、材料、包装、发货等内容。扫码时，由人工识别板件相关信息。条码信息供各个工序加工前后扫描输入计算机系统，由系统识别板件相关信息。而包装标签的作用是在物流运输及安装过程中识别包装信息。物流企业、专卖店工作人员都可以直接从标签中看到相关信息。

▲ 家具订单信息可以通过扫描条形码直接显示在电脑上，这样的做法更安全、便捷；同时，也能保护消费者的信息隐私。工人将软件生成的背胶纸质条码粘贴到板件上，每一块板件就有了身份证，生产信息系统可以监控每一块板件的生产进度，从而对整个订单的进度进行控制。

5.5.2　自动化生产

信息化生产要求设备能执行信息化指令，并按生产文件要求完成各种加工。

全自动开料锯、数控加工中心等均带有信息化接口，在开料锯上安装了“信息化执行系统”后，开料设备会根据生产文件要求的规格自动执行锯板操作。

工人只需在开料机上选择板料的规格、色泽和纹理方向等信息进行输入，开料锯即可自动开料。数控加工中心具有相应的信息化接口，只要与软件相匹配，就可实现各种自动加工。对于暂不能进行信息化改造的工序，可通过加装显示屏指示工人操作作业，扫描待加工零部件上的条形码，通过显示屏显示该零部件加工操作的工艺步骤，以信息化的数字文件形式指示工人进行操作、加工。

▲ 只需在开料机上选择板料的规格、色泽、纹理方向等信息即可自动开料。

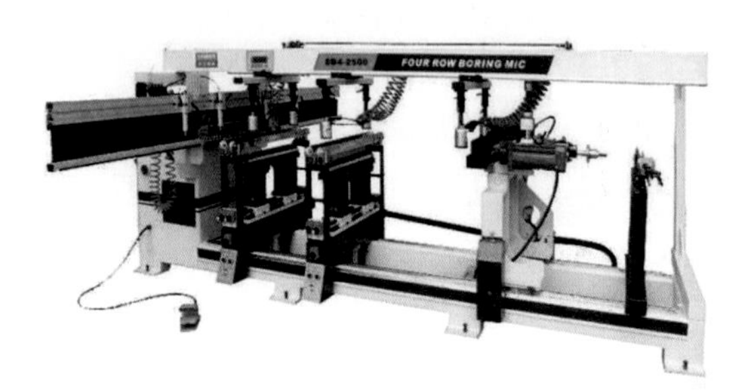

▲ 自动排钻机能够根据文件指示按照要求进行作业，精准度更高；排钻机能实现自动化生产，根据数码文件的指令、要求对孔位、孔径、孔深进行自动化钻孔。

5.6 预装拆解流程

集成家具在送达消费者签收之前，会预先在生产车间进行组装实验：一是对所生产的家具进行尺寸复核；二是检查家具的钉眼位置、板块数量是否正确；三是对消费者的收货地址和信息进行核对。

☑ 预装拆解流程步骤

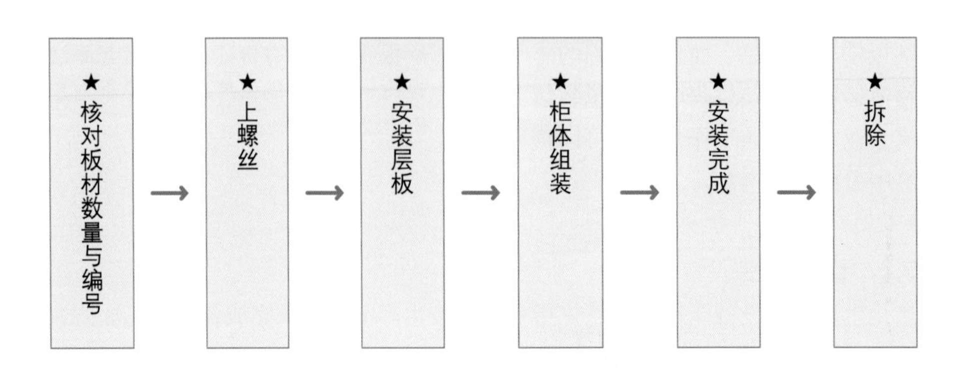

5.6.1 核对板材数量与编号

安装前要仔细检查所有板材数量、配件数量、板材编号及名称、发货单，并对照板材发货单的总件数进行检查。

▲ 将家具的所有板材依次放置在工厂预装区域摆放整齐，中间要留有供人行走的位置，注意不能脚踩在板材上。

5.6.2 上螺丝

先准备安装工具。工厂预装一般使用电动螺丝刀，因为预装不需要固定家具，只是看家具是否能够组装完成。因此，只需要检查对准的开孔部位即可，防止在现场安装时发现问题就要返厂重新生产。

▲ 固定螺钉是清点完板材后的工作，板材上有钉眼的部位都应打上螺钉。将螺丝上到板件上已开好的孔内，螺丝要垂直于板件，螺丝应上到刚好与孔面齐平为最佳。

5.6.3 安装层板

对于组合柜、电视柜、装饰柜的柜类家具，一般由底部装起，按底板、层板、顶板的顺序来完成。

根据螺丝位置将板件拼接好，将三合一连接件与螺丝固定。在此过程中一定要注意板件拼接的先后顺序，以免反复拼接。

▲ 将衣柜底座与侧板摆放搁置好。

▲ 根据观察与安装经验，判断板材的安装位置，快速完成预装。

▲ 根据板材编号进行预装实验，从消费者角度出发，看是否能够按照家具安装清单，成功安装好家具。

▲ 从下往上依次安装隔板，最后安装顶部的板块。

5.6.4 柜体组装

对于多个柜体的组合柜，需按照单个柜体安装完成后，再合并安装，这样能够提升安装效率。

▲ 将安装好的单个柜体放置在预装区域中间，开始准备与多个柜体相连接。

▲ 通过柜体与侧板之间的连接，形成一个多功能组合柜。

值得注意的是：在安装过程中，还需要顺便检查螺丝孔与螺丝是否能够轻松对上，板材与板材之间是否能够准确对齐。

▲ 将所有层板按照安装顺序依次安装。

▲ 将所有板材相连接后，观察是否有安装错误的地方。

5.6.5 安装完成

预安装完成后，根据设计图纸，对安装好的板件仔细检查一遍，确认没有误差、变形、开裂等情况。注意在安装过程中，整个家具无需立起来，因此螺丝也无需紧固，甚至无需安装三合一连接件。预装的目的是检查家具的安装可行性，防止在施工现场安装时一旦出现疏漏而不便整改。如果在预装过程中发现问题，应当随

▲ 安装完成的家具应该是与设计图纸上的家具没有差异的。此时，安装人员还应该对安装完成的家具进行复尺，确保家具的尺寸与消费者定制的尺寸完全一致。

时调整或重新制作相关板件。

5.6.6 拆除

确认安装的家具与设计图一致后，按照原样拆卸出来，并交给打包人员。将这些板材直接包装，准备交付消费者。

预装过程中拆开的零件需要仔细检查，然后交给打包人员，最好将固定数量的零件多准备2～3个，避免在消费者家里组装时，丢失个别零件导致组装工作无法正常进行。

▲ 将拆除后的板材集中堆放在传送带上，传送到打包区。

集成家具小贴士 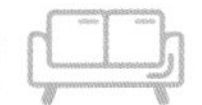

集成家具选购要点

1. 根据使用面积确定集成家具产品的种类和大小。如果室内面积有限，就要选择节省空间的家具。选择家具时尽量简单，体量也要相对小些，注重对空间的运用，这样才不会显得拥挤。
2. 预先确定好设计风格对家具的选购很关键。定制家具一定要符合整体风格。如果是中式风格，若选择板式集成家具反而会显得格格不入。同样，在现代风格室内空间中放一套中式沙发有时也很怪异。
3. 注重合理性。在选择集成家具的时候，所有材料的增加与减少都应该符合设计原理，要考虑到支撑、实用、美观，不能一厢情愿地彰显个性，要注重合理性。
4. 避免不必要的浪费。很多人选择集成家具时除了追求个性，还想省钱，所以不能为了追求个性而造成不必要的浪费。
5. 如果预算有限，就不要单纯为了追求个性而做一些没有必要的设计，造成不必要的浪费。

5.7 包装与运输

5.7.1 包装

集成家具板件采用硬纸板包装，可根据板件尺寸进行整合包装，以节约空间。单件家具或单一批次的家具可能有多个纸包。完整的集成家具包装包括柜体包、柜门包和配套五金件包。因为柜门的结构单一，容易变形。因此，柜门还需要成品生产完成后进行整体包装。

应根据板件的尺寸选定硬纸板，切割出合适的纸包。由于集成家具的尺寸不像传统批量生产的家具，有固定规格的包装箱，因此每一个纸包都需要单独裁切。

▲ 清点好需要进行包装的板材，按照板材的大小、长短摆放在一起。

▲ 选择大小合适的硬纸板，将板材按照顺序依次码放在纸板上。

裁切纸包有手工裁切和机器裁切两种方式。手工裁切比较灵活方便，可以根据板材的长、宽来量身裁切，能够节省纸皮。但是，其包装不如机器的自动化裁切整齐、美观。

机器裁切纸包规格统一，在包装板件时会使得纸包存在过多的空隙，需要填充大量发泡聚苯乙烯材料，纸包在外观方面比较美观。

▲ 确定板材在硬纸板上所需位置，并做好记号。

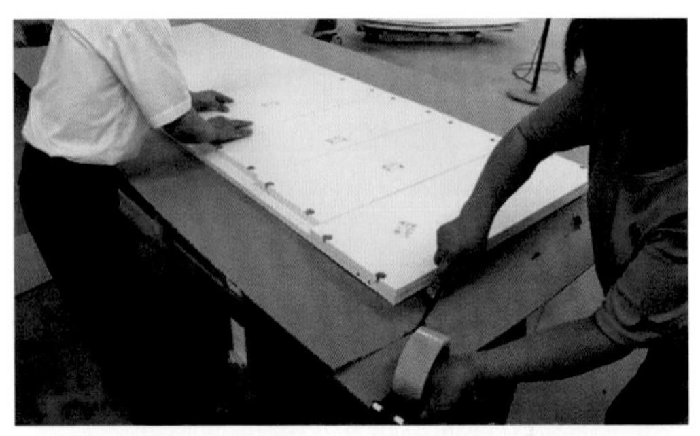

▲ 根据所标记的位置，使用裁纸刀切割硬纸板。

▲ 在包装过程中，为了更高效地完成包装作业，至少需要两人一起配合：一人固定好板件与硬纸板；另一人来进行裁切与标记工作。

▲ 根据标线位置，将硬纸板弯折，将板材紧紧包裹在里面，使用透明胶带固定，将板材完全包裹住。

▲ 检查板材的边角处是否包装完好，边角部位加入发泡聚苯乙烯材料，防止边缘受损。

5.7.2 储存

购买集成家具的消费者都有明确需求，一般不会出现库存现象。但是，一批家具在各个生产环节完成前，或成品进入物流环节之前，需要在工厂暂存周转。储存这些周转成品的地方就是成品库。

▲ 升降机用于人工单独码放货物，方便清点与整补货物，适用于集成家具的原料储存。

▲ 高位货架可以采用叉车升降货物，并在存放时应对货架进行标号，方便查找、管理。

5.7.3 发货

发货时应将货物包用周转车搬到发货平台，并对纸包条码进行扫描核对。确定无误后，可以将货物装车，统一送往物流点。集成家具配送一般都是由第三方物流负责，货物直接配送到各地经销商或消费者。

▲ 将需要出库的板材包裹放置在出货区，等待装车。出库前要在货架上平放24h，待板材适应了环境温度后再出库，可以有效防止板料变形。

▲ 清点包裹后，统一进行装车作业。

▲ 集成家具确保订单无误后，由物流公司进行配送，等待各地经销商或消费者收货。

集成家具小贴士 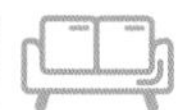

家具包装注意细节

在保护家具安全运输的前提下，占用最小空间是家具物流的重要指标。首先，家具包装应该考虑家具的重量，单件包装应不能超过50kg。其次，因家具类型和形状各不相同，包装时只要考虑安全环保即可。

对于玻璃和易碎的家具部件，除了纸箱包装外，应该在纸箱外面加装木质的包装箱，以保护玻璃不会破碎。对于有饰面板的家具，尺寸相同的板件尽量放在一个包装内，再用厚软片垫层进行整体包装。

第6章

定制集成家具安装方法

识读难度：★★★★★

核心要点：验收方式、安装流程、工具、技巧

章节导读：越来越多的人追求个性化产品，全屋家具定制家具不仅更符合消费者自己的审美，而且能最大限度地利用家居空间，在不知不觉中集成家具开始成为一种时尚。消费者更注重家具的使用功能，合理的家具设计还应当配上技艺娴熟的安装水平。

6.1 验收标准

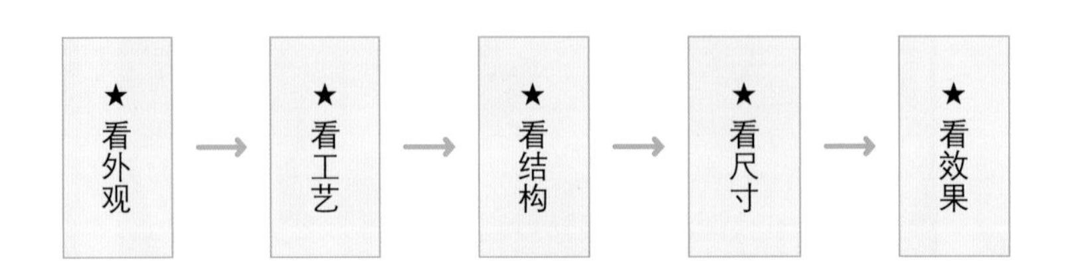

集成家具安装的质量直接影响到生活质量。家具安装、施工都是由集成家具施工员现场作业完成。熟练的安装施工员应能够考虑到更多细节，在集成家具制作安装时，应当注意到以下几个方面。

6.1.1 看外观

首先，检查家具的外表质量。与检查包门窗的外表质量有些相似，主要看表面漆膜是否平滑、光亮，有无流坠、气泡、皱纹等质量缺陷。然后，看饰面板的色差是否过大、花纹是否一致、有没有腐蚀点、死节、破残等；各种人造板部件封边处理是否严密平直、有无脱胶，表面是否光滑平整，有无磕碰。最后，查看家具与地脚线安装连接处是否安装平直，以及与墙面是否保持一致，是否存在缝隙及影响美观的瑕疵。

▲ 主要查看家具表面有无明显的刮痕、气泡、色差等现象。地脚线相当于为家具“遮羞”，在家具板材连接处的秘密常隐藏在其中。家具与地面、顶面的结合处封边很重要，能够将缝隙隐藏起来。

▲ 家具外观是家具安装工艺的侧面反映，熟练的安装施工员通常会注意家具结构与表面细节。

6.1.2 看工艺

家具做工细不细，可以从组合部分来进行观察，查看家具每个构件之间连接点的合理性和牢固度。整体结构的家具，其每个连接点，包括水平、垂直之间的连接点必须密合，不能有缝隙和松动。

▲ 家具构件之间的牢固度越好，家具使用的年限就越久。

▲ 定制集成家具一般不会轻易做改动，因此家具的牢固性非常重要，一旦固定就不会再移动。

玻璃门周边应抛光整洁，开闭灵活，无崩碴、划痕，四角对称，扣手位置端正。

▲ 玻璃属于易碎物品，若安装不到位后期容易出现安全事故；观察玻璃柜门与柜体连接是否对称，开关是否灵活，玻璃边缘是否平滑。

▲ 柜门关闭时，表面完美无瑕，显示出超高的工艺性；推拉柜门时，不会感到吃力，以力度刚刚好为佳。

家具的抽屉和柜门应开关灵活、回位正确。柜门开启时，应操作轻便、没有摩擦噪声。门上、下高度保持同一水平推拉顺畅，自然平稳无异常声音；上、下导轨定位准确，与顶部、侧板边缘对齐，靠侧板处无明显缝隙。

柜体与组装的配件要连接到位。首先是柜体结构必须牢固，柜体作为整个家具的主体构造，起到支撑作用。然后是背板与柜体插槽之间衔接紧密，组装后柜体正面基准面误差小于1mm。接着是组装衣柜侧板与层板之间要安装牢固、紧密，上柜与下柜之间基准面应保持一致。最后，整组柜体平面高度应维持在同一水平线上，保持整个衣柜的平衡性。

6.1.3 看结构

检查家具的结构是否合理，框架是否端正、牢固。用手轻轻推一下家具，如果出现晃动或发出吱吱嘎嘎的声响，说明结构不牢固；同时，要检查家具的垂直度与翘曲度。

固定的柜体与墙面、顶棚等交界处要严密，交界线应顺直、清晰、美观；应保证其结构表面平整、洁净、不露钉帽、无锤印、无缺损。木工分割线应均匀一致，线角直顺，无弯曲变形、裂缝及损坏现象，且柜门与边框缝隙均匀一致。

观察拉手安装工整、对称，观察整体衣柜的拉手是否处于垂直水平状态，表面是否有划痕、色差，与铰链开孔位置有无“蹦缺”现象。整体门板线条应当平直，左、右门板之间的缝隙应当小于3mm；上、下门板之间的缝隙应当小于4mm。铰链安装螺丝帽时不能突出或歪斜。

▲ 观察柜体内部结构划分是否与设计图纸一致，板材之间的连接是否牢固，板材之间的交界处线条是否清晰，无弯曲。

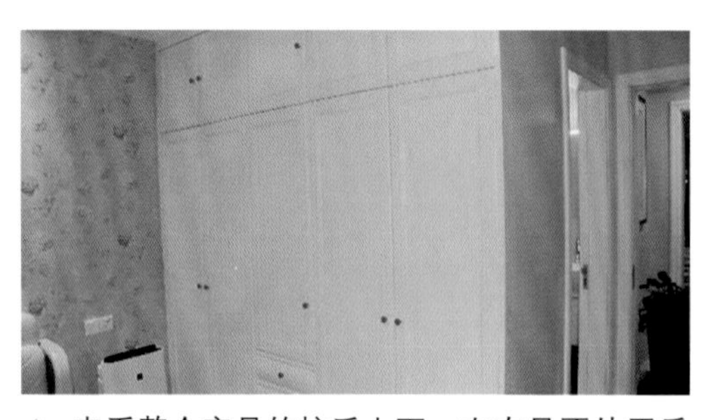

▲ 查看整个家具的拉手上下、左右是否处于垂直、水平的状态。

▲ 观察竖向或横向的拉手保持花纹方向是否大体一致。

安装好的拉篮、裤架、格子架、旋转衣架在抽拉或旋转时应该是顺滑自然，在手感上无明显阻滞现象，来回抽拉时不会产生异常声响。挂件、衣通、领带夹所在安装位置应尊重消费者使用习惯，安装后要稳固安全，使其左右平衡在同一水平线上。

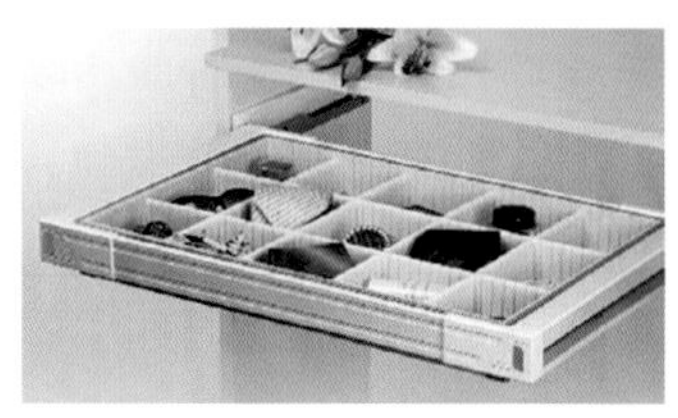

▲ 用手感受格子架在滑动时是否会左右两边摇晃，整个格子架是否在同一个水平面上，是否存在左高右低等现象。试试格子架在前后抽拉时是否会感到阻塞。

▲ 体验拉篮在抽拉时是否顺畅无阻，拉开后是否有明显的上下抖动。

▲ 旋转衣架在验收时，用手轻轻转动衣架，是否存在转不动的现象；同时，查看整个架体是否有倾斜。

6.1.4 看尺寸

集成家具不仅仅要求美观与个性化，更重要的是应强调家具的实用功能；主要观察家具的尺寸是否符合人体工程学原理、是否符合规定的尺寸，这也决定着家具用起来方便与否。

以橱柜为例，橱柜台面的高度、吊柜安装的高度要以一家人的平均身高或常进厨房的人身高为准。只有适宜的高度才是最好的，家具的尺寸并没有固定数据。在检查家具尺寸时，可模仿平时休闲、劳动时的动作，看是否存在疲惫及不舒适等现象。

应根据人体工程学的原理设计成人与儿童的书桌。成人的身高基本上已经固定了，可以按照成人实际身高与站立及坐下的尺寸进行书桌设计；相对于成人，儿童书桌在设计时需要考虑到更多问题：儿童的身高是不断变化的，在设计书桌时需要根据现有的身高与预测身高来进行设计。

▲ 成人的身高已经固定，选择更合适的尺寸设计书桌，可以得到更舒适的享受。

▲ 在墙面设计搁板时要考虑搁板的高度，应符合儿童在下一年龄段能触及的尺寸。这些在最初的设计图纸中虽有所体现，但是安装时仍要重新考虑、复核，也是检验设计与施工匹配性的重点。

集成家具小贴士 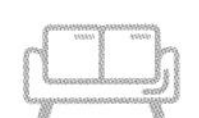

家具验收

家具外观验收时，应观察家具的纹理走向是不是相近或一致，家具表面的覆膜是否均匀以及是否坚硬饱满、平滑光润、色泽一致，无磕碰划痕、无气泡且手感细腻滑畅。还应关注家具的转角部位是否垂直、平整。

家具结构验收时，应注意家具的五金件是否有破损、生锈、刮伤、色差以及螺丝是否拧紧等现象。五金件在后期使用过程中若出现问题，其更换将十分繁琐，且更换的新五金件与原五金件在款式、色泽上多少都会有一定差异，影响整体美观。在选择五金件时应该选择有品牌、口碑好的商家。

6.1.5 看效果

“细节决定成败”这句话在家具设计中同样适用。集成家具安装完成后，整体效果与细节处理联系紧密。

家具细节主要看各部位封边是否处理到位，要做到无明显缝隙，要求家具能完美地与墙面贴合在一起。仔细查看天花角线接驳处是否顺畅，有无明显对称和变形，衣柜为了增大收纳空间会直接做到底部；天花角线表面是否端正、洁净、美观，与衣柜的接缝处是否连接严密，无歪斜，没有错位。

▲ 以小见大，由查看家具的细节处理可以看出家具的整体效果，要求整体家具各部件之间紧密贴合，无明显缝隙。

▲ 家具最终所呈现的视觉效果应与室内整体装修风格相一致，如壁纸、地板的纹理等，这也决定了家具的整体价值。

▲ 定制家具与非定制家具之间应当保持良好的融合关系，后期购置的床应当与整个家具风格融为一体，这时家具的整体效果也能得到最好呈现。

6.2 安装流程

☑ 家具安装流程步骤

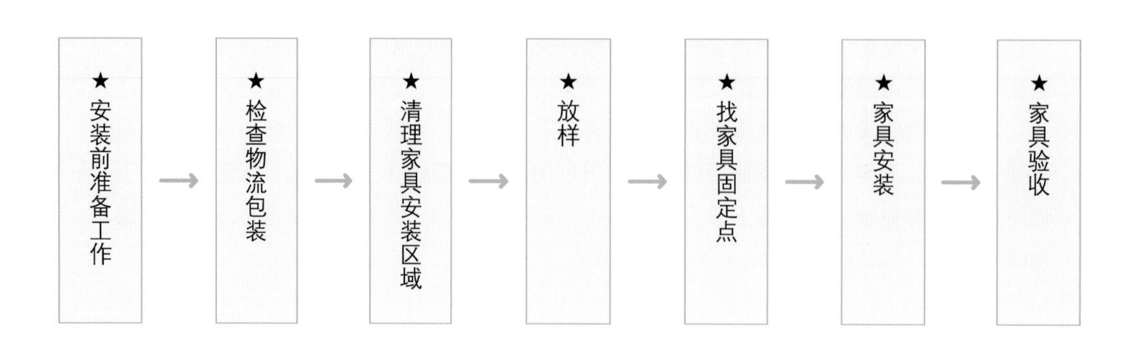

集成家具的特殊定制方式决定了其最终安装过程不会在工厂完成，而是由消费者所在地的门店施工员负责。由于集成家具自身的结构比较规范，连接方式比较标准，安装施工员只需要进行一定培训就可以掌握安装方法。

为了确保家具的结构尺寸等不出现问题，较为复杂的家具会在生产完成后在工厂进行试装，试装无误后，拆开，再进行包装。在现场安装操作时，安装施工员只需要参考设计图纸就可以完成安装。现场安装过程通常包括家具单体组装、家具与墙体固定等。

▲ 现场安装后的家具整齐，没有瑕疵，美观性强；经过消费者检查验收后方可离场。

6.2.1 安装前准备工作

安装前，需要先联系消费者预约时间，让消费者提前做好准备工作。由于各种原因未能按照预定时间到达消费者家中时，安装施工员要及时通知消费者并说明原因，以及估计到达时间。

根据订单的工艺要求、安装难易程度、安装速度等规划和安排安装人员组成，准备好安装工具和工作证件，按约定时间到达现场。

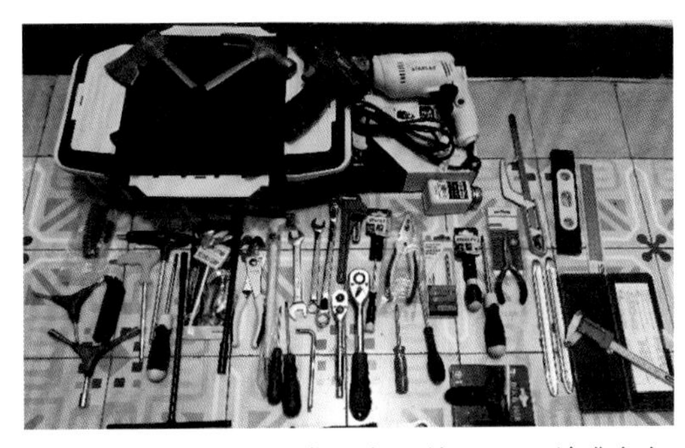

▲ 家具安装需配备专业安装施工员，并准备好安装所需工具。

6.2.2 检查物流包装

根据订单对零部件进行核对。首先检查配件是否齐全，打开包装后核实配件、板材和五金件，以免浪费安装时间；柜体板件包数量是否与包装明细中的包数吻合，然后检查玻璃是否破碎，门板是否刮花。若有异常情况，应立即报告部门经理。

▲ 检查物流包装是否有外观破损，确定无损后再将包装拆开。

▲ 拆包后对材料清单进行核查完毕，同时清点板材与五金件数量。

6.2.3 清理家具安装区域

因为家具安装后无法对柜体安装部位的地面和墙面进行清洁处理，所以在安装前要预先清洁，这样可以防止墙面凸起部分对柜体的稳定性造成影响。

在安装现场规划出一块安装施工员的工作区域，清洁后在此区域进行组装操作。安装时，可以将包装材料平铺到地面以保护家具板材表面。

▲ 对整个房屋的墙面以及安装家具时会接触到的位置进行清扫，保护墙面的完整性。

▲ 提前对每个房间进行打扫，能够有效避免后期因打扫不到位造成的卫生死角。

处理好家具与墙面交界处，对柜体与墙面、柱体、天花板等各个方向的交界处进行处理，对缝隙进行填充，并使用同色盖板遮挡。

保护消费者家里地面不受损伤。这是家具安装中较为重要的环节，铺垫地面保护膜，给家具铺垫保护物，可防止划花家具、地板。部分家庭会先安装地板，再安装家具，铺垫地面保护膜可以有效防止地板受到磨损。

▲ 安装施工员为地面铺垫保护膜，防止安装过程中对家具板面及地面造成磨损。

6.2.4 放样

施工员在安装前，要先熟悉柜体设计图纸。设计图纸对于柜体尺寸、安装位置必须有明确说明。在看过设计师方案后，施工员方可了解具体要安装哪些柜子；并在确认完柜子尺寸后，在相应位置画线。

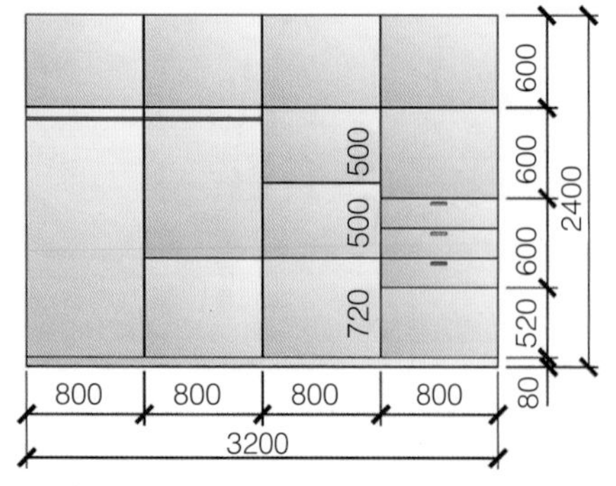

▲ 熟悉图纸，确认图纸上的数据没有差错。

▲ 确认完柜子的尺寸后，在相应位置画线；再采用有色胶带粘贴，以方便安装完毕后将漏在外部的胶带揭开。

6.2.5 找家具固定点

按照设计要求，如果柜子是固定在墙上且不能移动的，施工员不仅要根据设计图纸画线，还必须根据固定家具尺寸在墙面上确定固定点。对照图纸确定安装位置后，如果完整订单中几个柜子是放在一起的，应先询问房间号，对应房间号将板件分类堆放。

▲ 按照设计图纸要求，根据柜子的尺寸和大小，在墙地面找好柜子的固定点，并做好记号。

6.2.6 安放底板

衣柜底板放置的地面事先要打扫干净，因为等安装后再去清理的话会非常麻烦，且不易清理干净；将底板放好后并固定，可采用膨胀螺钉与地面固定。

6.2.7 组装

先组装柜体、抽屉等部件。在组装过程中，需要按照设计结构图纸，根据指定的顺序进行组装，切忌不能凭感觉组装。

安装柜体时，需要对室内的尺寸进行再次测量，以确保柜体可以安装到位。如果出现地面高度不平、墙体存在缝隙等问题时，需要对柜体尺寸进行调整，确保安装上去后没有问题。

▲ 确定好底板的位置，在安装之前做好清洁工作。

▲ 板材上一般都按设计图留好了钉眼，在现场的施工员用专用工具将螺丝固定好即可。

6.2.8 测量

组装好的框架用卷尺进行复核测量尺寸，确保框架尺寸不存在问题。

▲ 测量柜子的层高，以确定没有误差；确保柜子的整体尺寸不存在偏差问题。

6.2.9 固定框架

按照集成家具设计图上的要求，安装好衣柜背板，防止衣柜因不稳定而发生倾斜；将连接好的框架固定起来进行微调后，固定在墙体上。

6.2.10 安装层板

先用铅笔画好每层板的中心线，再钉钉子；将层板放置到事先预埋螺母的地方，然后用螺丝刀固定。还要处理好层板与背板、侧板的固定位置，安置好的侧板不能有凸出；若有则需及时调整。

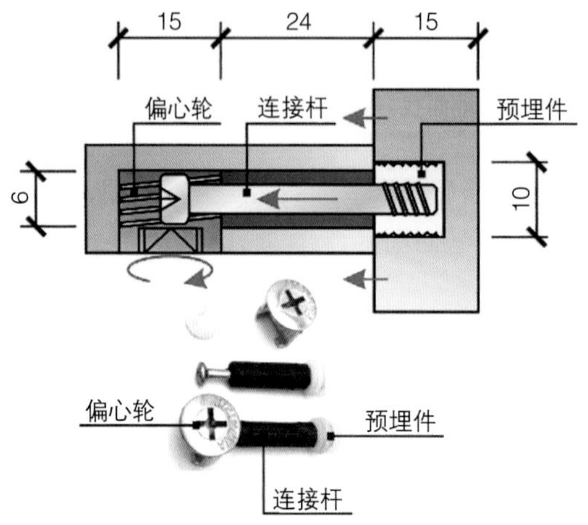

▲ 三合一连接件的安装原理看似复杂，其实很简单，它是纵向与横向板材之间连接的必要构造。

▲ 将三合一连接件固定在板材预留的孔洞中，固定框架的时候一定要先装背板，这样更稳固。

6.2.11 安装顶板

提前准备好一个攀高用的梯子，施工员可站在梯子上操作。顶板如需要举高，则可放在侧板上进行安装，采用三合一五金件固定住。

▲ 安装顶板时需要注意顶板与侧板、框架接缝处的紧密结合；安装好以后，可以用工具或橡胶锤进行调整。

6.2.12 安装门轨

在轨道盒内，安装推拉门轨道时，先把上轨道固定好，用重力锥（吊线锤）在上轨道的两端和中点吊挂3点，找出地上对应的3点，用油性记号标好。将上轨道安装好，再对着上轨道中心点放一根重力锥到地面，轨道的两端都要放垂直线，确保上、下轨道完全平行就可完成。也可以用激光水平仪来找准上、下对应的点，操作起来更加简单。

▲ 在衣柜的顶部和底边都固定好合金门轨道，轨道不用固定太紧，只需固定即可。

6.2.13 安装抽屉导轨

滑轨安装时需要将内轨从抽屉滑轨的主体上拆卸下来，对分拆滑道中的外轨和中轨部分，先安装在抽屉箱体的两侧，再将内轨安装在抽屉侧板上。

6.2.14 安装抽屉

在测量好的位置上用螺丝将内轨固定在抽屉柜体上，将螺丝在对应的孔位上紧固。

▲ 侧板定好的位置上装上抽屉导轨，尺寸一定不要弄错。

▲ 安装时注意保持两边的内轨水平保持平行；否则，安装时会出现卡壳推不进的情况。

6.2.15 安装衣通

从顶部搁板边缘向下移动35mm画横切线，侧板分中画竖切线，交叉点为衣通上方第一个眼的中心位。

6.2.16 安装柜门

先将铰链放在柜门上并做好螺钉位置记号，并将柜门一侧的铰链装上去，再装到柜体上。

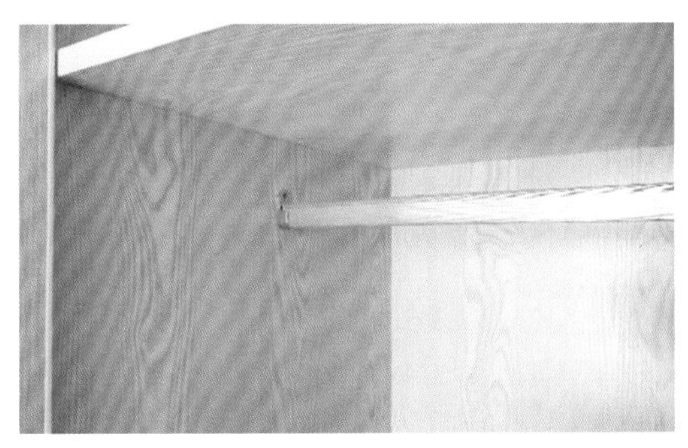

▲ 在预留的位置打好固定螺丝，安装好衣杆，安装时需要注意衣通两边要平衡。

▲ 柜门安装时要遵循“先松后紧”的原则，铰链调整到位后再进行紧固操作。

6.2.17 安装拉手与移门

用卷尺测量拉手的安装孔距，用拉手比画下柜门板，在衣柜或橱柜门上测量好安装位置；外侧手握拉手，内侧则将螺丝从柜子内侧穿向外侧，对准拉手安装孔拧紧即可。

移门安装最为简单。先将门扇上部插入上滑轨中，再将下部插入下滑轨中，在移门下部左右侧面有螺丝可以调节门的垂直度。

▲ 安装拉手前，需要在门板上做记号，确定位置以保持在同一水平线上。

▲ 安装滑轨时应当预先装配，在地面进行运动模拟测试，了解滑轨的安装方位与运动方位。

▲ 移门安装要贴合门导轨的位置安装，先固定好移门，再将底边导轨固定好。

6.2.18 调整改良

家具安装完成后，应对整体衣柜进行最后检查：检查连接处是否有缝隙；检查五金件是否松动，有没有安装不到位等问题；检查整体家具的“横平竖直”，有没有出现倾斜。还需清理安装过程中产生的杂物和家具上的灰尘等，清理加工痕迹。此外，还要检查工具、配件的完整性。

▲ 检查五金件是否有松动，家具内置的固定设备要同步安装。尤其是对于保险箱这类贵重物品，应当穿透板材，采用膨胀螺栓固定到墙体中。

▲ 观察家具是否符合“横平竖直”的标准。

6.2.19 验收

对柜体结构稳定性进行检查，可以摇晃下柜体看看是否牢固，在细节方面是否到位；确保连接紧密，结构上做到“横平竖直”。对活动部件、功能组件的可用性进行检查，以确保功能稳定、可靠。检查家具的牢固性，必要时可以摇晃家具柜体，感觉是否有明显晃动，确保在后期使

▲ 将成组的抽屉均匀拉开，观察整体水平度、垂直度与平行度。

用中没有安全隐患。此外，还要查看家具表面是否存在毛边、上下不平、左右不对称等问题。

6.3 常用安装设备

集成家具在安装过程中需要使用到许多专业的安装工具，在安装前应将所有需要用到的工具罗列齐全，避免在安装时因缺少部分工具而导致耽误工期。

6.3.1 冲击钻

冲击钻又称为电锤，主要适用于在混凝土楼板、砌筑墙体以及石料、木板、多层材料上进行冲击钻孔。在柜体需要挂墙时，可用来固定吊柜，这就需要在钻孔中埋入膨胀螺丝或螺栓，配置钻头规格一般为ϕ6mm、ϕ8mm、ϕ10mm、ϕ12mm、ϕ14mm等。

6.3.2 手电钻

手电钻就是以交流电或直流电为动力的钻孔工具，也是手持式电动工具中的一种，用来开螺丝引孔、拉手孔以及改柜子结构孔位、连接柜子螺丝等。须配置十字螺丝批头，用来安装三合一配件及其他螺丝配件，钻头型号有ϕ3mm、ϕ4mm、ϕ5mm等几种。

▲ 由于冲击电钻采用双重绝缘，没有接地（接零）保护，因此应特别注意保护橡套电缆。在手提移动电钻时，必须握住电钻手柄，移动时不能拖拉橡套电缆。

▲ 与冲击钻不同的是，手电钻装有正、反转开关和电子调速装置，主要用于家具板材上钻孔。

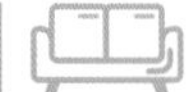

集成家具小贴士

手电钻与冲击钻的区别

手电钻只能适合钻金属、木头，或者拧螺丝等作业，不能钻混凝土。冲击钻除了钻金属、木头外，还可对砖墙、普通混凝土进行钻孔作业。手电钻自身只有回转的作用力；而冲击钻除了具备回转的作用力外，还有轴向振动的作用力，能加大对孔洞的冲击。

6.3.3 开孔器

开孔器（切割器）安装在普通电钻时，能方便地在铜、铁、不锈钢、有机玻璃、木头等各种板材的平面、球面及任意曲面上进行圆孔、方孔、三角孔以及直线、曲线的任意切割。在家具安装中，主要用来开通线盒、插座孔和现场开写字台线孔、背板插座孔等用途。开孔器的型号有ϕ25mm、ϕ38mm、ϕ50mm等几种。

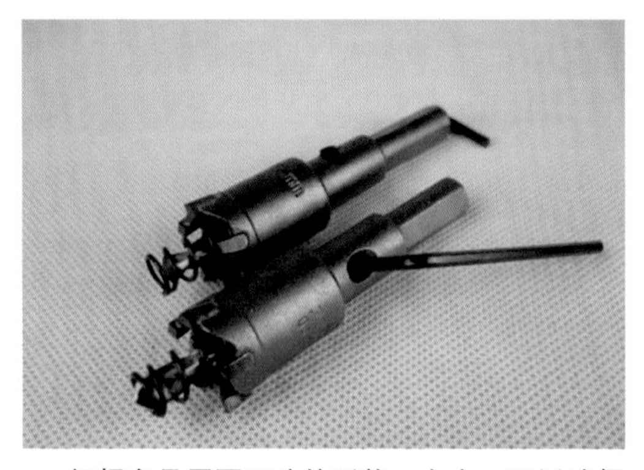

▲ 根据家具需要开孔的形状、大小，可以选择不同型号的开孔器。

▲ 在家具板面上进行开孔作业，能将桌面布线加以整理。

6.3.4 水平尺

水平尺的工作原理是利用液面水平原理，以水准泡直接显示角位移，测量被测表面相对水平位置、铅垂位置、倾斜位置偏离程度的一种计量器具。水平尺可以用于地柜或吊柜安装。对于柜体的水平调整，以及拉篮、抽屉等五金配件安装时的水平调节，使用长度为1000mm刻度的水平尺即可。

▲ 水平尺容易保管，悬挂、平放都可以，不会因长期平放影响其直线度、平行度。如果长期不使用，应当拆除电池，或在金属部位涂上薄薄一层润滑油，用于抗氧化。

6.3.5 玻璃胶枪

玻璃胶枪是一种密封填缝打胶工具，

玻璃胶枪可分为手动胶枪、气动胶枪、电动胶枪等类型。使用时先用大拇指压住后端扣环，往后拉带弯钩的钢丝，尽量拉到位；先放玻璃胶头部，使前面露出胶嘴部分；再将整支胶塞进去，放松大拇指部分，最后挤压就可以。

6.3.6 卷尺

卷尺是日常生活中常用的量具，经常看到的是钢卷尺，既是建筑和装修常用的工具，也是家庭必备工具之一。在集成家具安装中，安装施工员常会使用卷尺对家具板件进行测量，以及在家具定位时使用。常使用标准刻度为5mm、尺长为7.5m的卷尺。

▲ 玻璃胶枪主要用于现场的台面板靠墙、收口以及顶底板同墙体之间的密封用途，打胶时需要用手托住玻璃胶，手动按压即可。

▲ 在使用卷尺时，注意切勿用手触摸卷尺的尺条边缘部分。当卷尺测量工作完成后，卷尺的弹簧会收缩；标尺在弹簧力的作用下也会一起收缩，手一旦接触到尺条就很容易被划伤。

集成家具小贴士 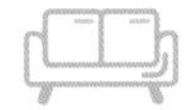

玻璃胶

玻璃胶是一种家庭常用的黏结剂，易溶于水，有黏性。南方称其为水玻璃，北方也称之为泡花碱。在选购玻璃胶时，要注意以下问题。

1. 要避免低价诱惑。过于便宜的胶不仅影响工程质量、使用寿命，更重要的是极易造成返工，耽误工期，甚至出现责任事故。因此，不可图省事，也不能贪便宜。
2. 应了解玻璃胶的分类、用途、限制条件、使用方法和储存期限。根据不同的用途，购买不同的玻璃胶，否则，一旦用错地方，会给施工带来麻烦和损失。

6.3.7 直角尺

直角尺是检验和画线工作中常用的量具，用于检测工件的垂直度及工件相对位置的垂直度，是一种专业量具。使用前，应先检查各工作面和边缘是否被碰伤，是否存在弯曲。

直角尺长边的左、右面和短边的上、下面都是工件面（即内、外直角），应将直角尺的工作面和被检工作面擦净。

▲ 直角尺是用来画或检验直角的工具，有时也用于画线。

▲ 直角尺可用于现场画直角线段，如柜体现场改孔时画直角线。

6.3.8 橡胶锤

橡皮锤的锤头部分是采用橡胶材料制作而成，相比传统的木锤与铁锤，橡胶锤在安装集成家具时效果更为明显。

橡胶锤使用时不会在家具表面形成损伤及凹凸，常用于现场组装安装操作，如安装、固定隔板托、收口板、调整板面高差等。一般安装家具时，使用中强度橡胶，有微回弹力。

▲ 橡胶锤在敲打时落锤无痕，不会损伤家具表面；在使用过程中，要保持锤子表面干净，无异物，适用于已经安装，但没有最终固定的家具板件之间的调整。可通过对板件的敲击，从而进行细微调整。

6.3.9 螺丝刀

螺丝刀是一种用来拧转螺钉以迫使其就位的工具，分为一字螺丝刀与十字螺丝刀；还可以选用新型组合螺丝刀。安装不同类型的螺丝时，只需将螺丝批头换掉就可以：在家具安装过程中，不需要准备大量各种类型的螺丝刀，其好处是可以节省空间，但却容易遗失螺丝批头。

具体使用时，要求手部与胶把手紧握、用力。螺丝刀用来拧螺丝钉时是利用了轮轴的工作原理。当轮轴直径越大时，就越省力。所以，使用粗把螺丝刀比使用细把螺丝刀拧螺丝时更省力。在选择时应尽量选择质感好、胶把手与手部适宜的螺丝刀。

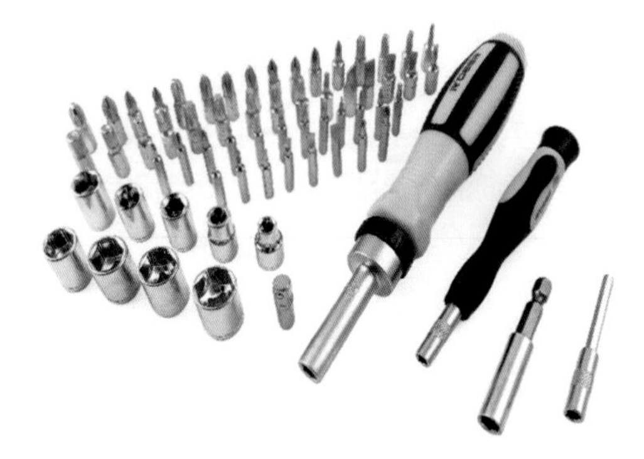

▲ 螺丝刀在现场安装时，主要用于拧固螺丝或调节抽屉、拉篮的导轨、以及门板拉手及铰链。

6.3.10　内六角扳手

内六角扳手也叫作艾伦扳手，它通过扭矩施加对螺丝的作用力，大大降低了使用者的用力强度，是工业制造业中不可或缺的得力工具。其常用规格为$\phi 2 \sim \phi 10$mm多种。

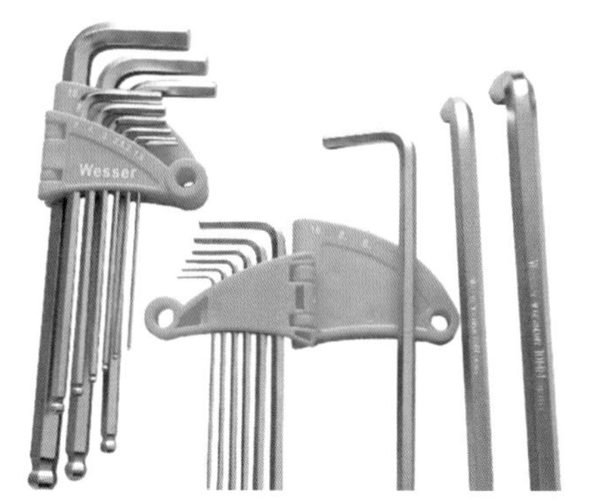

▲ 内六角扳手的规格较多，可用于多种口径的螺丝。

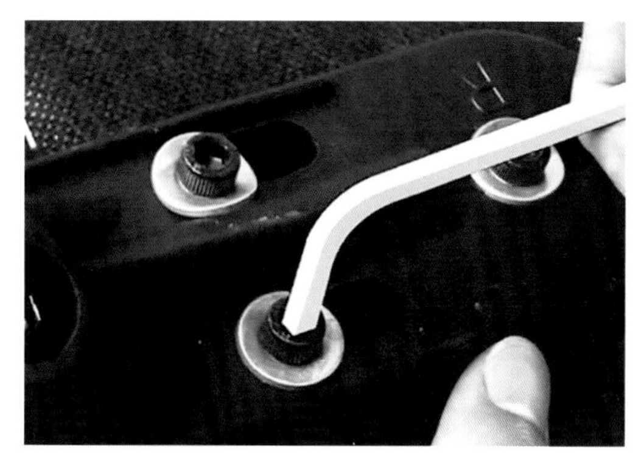

▲ 内六角扳手用于现场安装时，需要拧固特殊螺丝等结构部件。

6.4　清查构件

6.4.1　清查板材

安装施工员在物流点提货前应仔细检查包装是否完好无损，是否存在家具板材破损现象。如果一旦发现有这样的情况，应当拒绝收货；若是安装施工员带货到家时，一定要求现场安装施工员开箱检查破损部位的内部家具，是否有磕碰、划伤等运输问题。

在家具安装前，要向家具安装施工员提供大块的棉布铺设在地面上，以防在安装过程中划伤家具表面。

▲ 将所有家具的板材表面检查一遍，观察是否有明显的磕碰、划伤等问题；同时，查看每块板材之间是否有色差问题。

▲ 地面保护膜能有效保护地面地板不受安装工程的影响。

6.4.2 检查家具五金配件

五金件配置的高低是中高档家具和低档家具的重要区别。五金件的好坏会直接影响一整套家具的综合质量，对于家具的正常使用及寿命至关重要。

柜门的脱落、令人烦躁的吱呀声一般都是由劣质配件引起的。业内常言道：“只要有相应的五金配件，非常复杂的多功能家具都能被制作出来”。由此可见，制作优良的五金配件在家具中发挥的作用非常重要。

集成家具小贴士 

核实五金件

查看衣柜板材和五金件时，特别需要注意的是，要着重观察现场板材与五金件是否是当初自己签订合同时的规格及品牌。品牌的板材和五金件可以通过查看防伪标志来验证，部分品牌可以手机扫码识别，这样可防止一些不良商家偷换家具材料和五金件，做出不符合合同的家具产品。

▲ 柜门关闭不严，影响了家具的整体美观性，使用时产生的声响令人苦恼。

▲ 柜门不能自动弹回也是令人烦躁的事情，甚至会使柜内物品暴露在空气中。

（1）拉手

家具五金中以五金拉手应用最为广泛。家具五金拉手顾名思义就是家居用品中涉及家具的五金拉手，家具五金拉手可以嵌入流行的高档橱柜配件之中。

拉手往往使用全新的工艺制作，以艺术品的标准生产，配以时尚颜色而成。其代表色可以为古铜色、白古色、古银色、喷粉色、银白色、闪银色、烤黑色、镀金色、镀铬色、拉丝色、珍珠镍色、珍珠银色等居家色彩。

▲ 经过全新工艺制作的五金拉手，外形更加美观，风格更加多样化。

▲ 不同颜色、风格的拉手可以适应不同的家具。

从包装上看，可查看装拉手的包装袋内是否有残渣，包装袋大小是否合理，包装用料与标签是否合适，装箱是否起到了保护产品的作用；也可进行试摔测试，或进行耐破抗压测试。总之，在清查时应从多角度、多方位去观察。

观察表面是否有电镀起泡、砂孔、刮伤、碰伤、毛刺等问题。同时，拉手的色泽也非常重要。不是同一批次生产的产品会存在较小色差，虽然不影响使用，但是会影响整体的美观性。如果存在上述现象，在安装时，可将有色差的部分拉手按颜色区分进行安装，有效避免这类问题的产生。

▲ 查看物流包装盒的外包装是否破损。

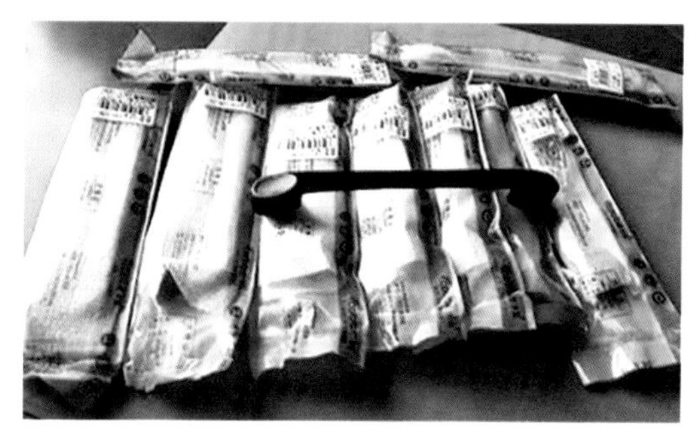

▲ 可将拉手排成一排，看外包装是否存在问题。

▲ 将所有包装进行拆除，放在有铺垫的地面排好。

▲ 将拉手取出摆放在一起进行比较，看拉手表面是否存在上色不均匀、色差、变形、刮伤、毛刺等问题，将有瑕疵的拉手挑出。

（2）铰链

优良的五金配件是保证家具质量的关键，如铰链（合页）的重要性等。无论柜门的大小、轻重，每扇门上都至少要安装3片合页，以确保合页的正常使用寿命和防止门的扭曲、变形等。

选择铰链时，一要考虑门的材料和结构；二要考虑门的尺寸、厚度和重量；三要考虑门的开启频率；四要考虑装饰效果；五要考虑潮湿空气、灰尘等侵蚀环境的损害；六要考虑价格。

好的铰链是可以根据空间、配合柜门的开启角度采用相应的铰链相配，使各种条件下的柜门都能伸展有度。

▲ 特殊造型的门可以采用不同造型的合页，可以具有一定的装饰作用，增添家中的美感；不同厚度、材质的门会采用不同型号的合页，只有选择对的产品才能使家具更好地为消费者服务。

▲ 合页是家具的灵魂所在，是保证家具开合与正常使用的关键。

▲ 室内门在安装合页时一般采用三片式，上、中、下各安装一片，保证门的承重均衡。

上滑道式铰链克服了传统下滑道设计中容易积尘又欠美观的缺点，可让柜门沿上面轨道自如滑走，别具一格。

优劣不同的铰链，使用手感也不同：质量过硬的铰链在开启柜门时力道比较柔和，关至15° 时会自动回弹，且回弹力非常均匀。

劣质铰链表面与优质铰链表面相差无几，但使用寿命短，且容易脱落，如柜门、吊柜发生变形、脱落下来，这些多是由于铰链质量不过关所引起的。

▲ 折叠门属于全屋定制的一个特殊品种，能够更好地利用空间。但是，在制作工艺上要求较高，所选用的五金件必须是高规格、高质量的五金件；否则，后期维修将相当吃力。

▲ 家具良好的使用性与铰链分不开，铰链的优劣直接影响到家具的使用功能。

▲ 劣质铰链多次使用后会出现家具板面变形、柜门无法关闭等情况。

（3）厨房五金配件

橱柜五金配件是厨房设备的重要组成部分之一。橱柜五金配件在橱柜材料中占有重要地位，直接影响着橱柜的综合质量。

整体橱柜五金配件包括铰链、滑轨、压力装置、地脚、拉篮、抽屉导轨、吊码、封条、吊柜挂件等。在检查橱柜配件时，首先看外观，其次检查配件的质量，最后检查配件的数量有无差错。

▲ 抽屉滑轨决定了抽屉能否自由顺滑地推拉、承重；会不会出现翻倾，全靠滑轨的支撑。

地脚具有支撑柜体平衡的作用。市场的劣质橱柜常采用再生塑料地脚，长时间使用易老化，柜子会失去平衡而塌陷，造成人造石台面的断裂，橱柜则无法再正常使用。

吊码是家具橱柜的小五金配件，安装在吊柜中时起调节高低的作用。在橱柜五金配件中，可以将吊柜挂在墙上，实现吊柜和墙体的连接。

▲ 金属地脚质量高于塑料地脚，且使用年限更长；优质金属地脚具有防潮、延长橱柜使用年限的作用，地脚会被家具最底部的挡板遮挡，不会被脚无意中踢到。

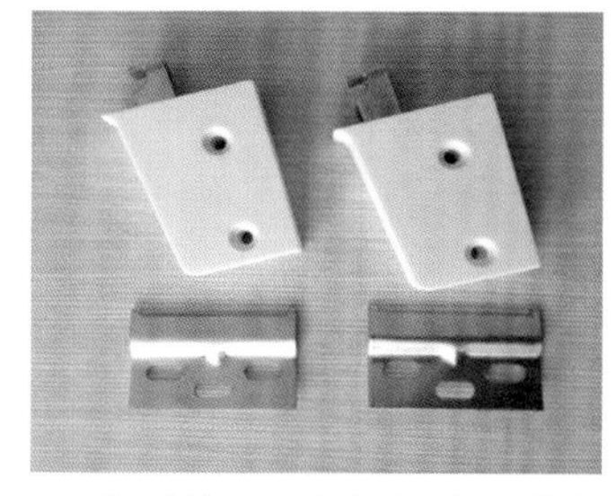

▲ 优质的吊码色泽闪亮，摸起来光滑，没有毛边。

▲ 吊码主要是用于支撑吊柜力，吊码的质量对吊柜的使用寿命起决定性作用。

拉篮的好坏是关系到今后使用厨房是否舒适、方便甚至时尚的功能性配件。拉篮具有较大的储物空间，而且可以合理地切分空间，使各种物品和用具“各得其所”；而且还能将拐角处的空间充分利用，实现空间使用价值的最大化。

拉篮一般是按橱柜尺寸量身定做，所以提供的橱柜尺寸一定要准确。拉篮本身是耐耗品，不易损坏；而其自身越重，越增加滑轮承重的压力，减少轨道使用寿命。因此，拉篮并不是越粗、越重越好，但也不能太细，否则容易脱焊。一般其主杆粗度不低于ϕ 8mm。拉篮表面应光滑，手感舒适，无毛刺。

▲ 优质拉篮的网格交接处应焊点饱满、节点均匀，无虚焊等现象；应检查拉篮所有扣件是否齐全，安装承载重力后是否存在变形和松动。

6.5 家具成品五金件安装

家具五金件是连接家具的主要构件，也是保证家具正常使用的前提条件。

☑ 家具五金件安装流程步骤

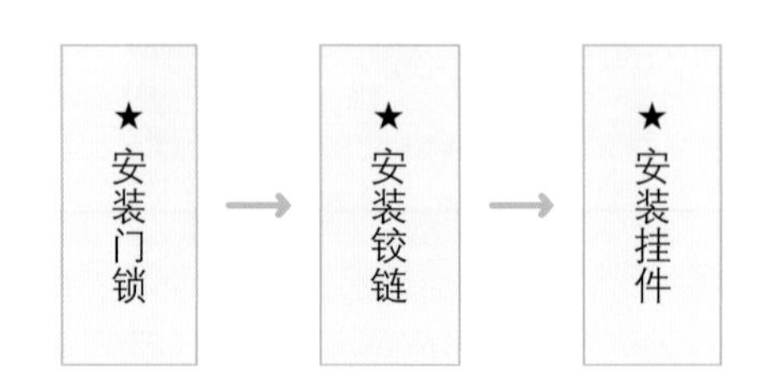

6.5.1 安装门锁

门锁安装的效果直接影响门的使用以及安全，因此不可忽视门锁安装细节，不同类型的门在门锁安装步骤方面也有细小的不同，如普通门锁安装与防盗门锁安装就存在差异。

表6-1 门锁安装方法图示

步骤	图示	方法
1		确定开门方向，开门方向决定了在装门锁的时候，将锁装在哪一侧；先打开门看看合页在哪边，一般合页在的一侧就是开门的方向。因此，在门不装合页的一侧装门锁，就能保证门锁的方向是对的。当开门方向确定后，在适合的位置进行定位、开凿
2		用手电钻进行打孔作业，在合适的位置钻、凿锁体安装孔位；手持电钻时，要用手托住下方，避免电钻摆动过大
3		安装锁扣板，对正后，紧固螺钉
4		紧固各装配螺钉后，重复上面的动作，试验几次，各动作如不顺畅则松动螺钉后，调整位置再试，直至合适为止
5		依次将锁体装入孔位，找正后，固定螺钉；在外面板部件上安装螺杆和连接螺杆；将连动方杆插入锁体的方杆孔内，外面板部件执手方孔对准连动方杆孔，安装外面板部件

初装后，转动外执手、内执手，观察是否能将斜舌顺畅地收回、伸出；转动后面板旋钮，感觉方舌是否顺畅收回；插入钥匙来回旋转，感觉方舌是否顺畅伸出、收回。反复进行开关，查看是否有阻塞、关不上等问题，及时作出调整。

6.5.2 安装铰链

合页安装比较简单，准备好工具后测量位置定位，将合页固定就基本完成了安装。安装前准备好专门的安装工具，如测量用的卷尺、水平尺，画线定位的木工铅笔，开孔用木工开孔器、手电钻、螺丝刀等工具。

先用安装测量板或木工铅笔画线定位，钻孔边距为5mm，再用手枪钻或木工开孔器在门板上打ϕ35mm的铰链杯安装孔，钻孔深度为12mm。将铰链套入门板上的铰链杯孔内并用自攻螺丝将铰链杯固定。

▲ 铰链套入打好的安装孔内，用螺丝加以固定。

▲ 将铰链臂身扣在底座上，用手指用力按下，听到咔嗒的一声就表示铰链已扣好。

铰链嵌入门板杯孔后，将铰链打开，再套入侧板，用自攻螺丝将底座固定，最后进行柜门开关测试。柜门铰链可以六向调节，即上、下、左、右、前、后。安装要求为所有横向门扇上下对齐，左右间距适中且均衡，外表平整，以将柜门调试最理想效果为佳。安装好关门后的间隙一般为2～3mm。

▲ 尝试多次开关柜门，看柜门能否自动回位。

6.5.3　安装挂件

挂架是集成家具的重要配属物品，其应用越来越广泛，具备灵活、小巧的特点，对于归置生活物品很有作用；关键是有利于生活物品能够很好地取拿，不用很费力寻找，具有良好的展示性，只需要在墙上固定好挂件就可以了。太空铝挂架具有轻巧、不易锈蚀、不易留水印等优点。

首先，准备好需要用到的工具。根据自己的需要，在墙面定好位置，再用电锤在墙壁上打好孔。然后，将螺钉或膨胀螺栓钉进去，用螺丝钉将承挂条整条固定好。

▲ 打孔是安装挂件的第一步，确定好位置。

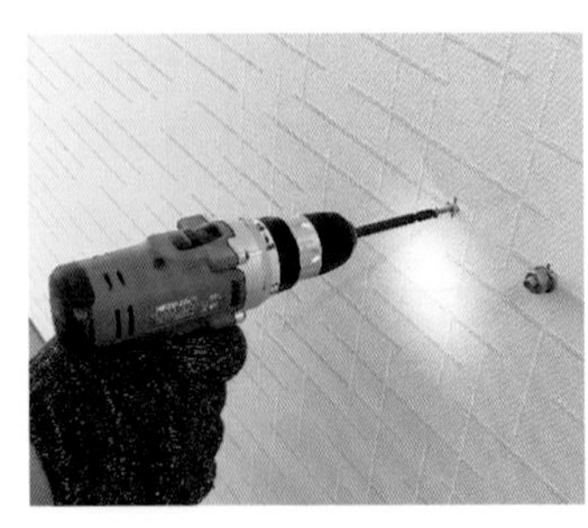

▲ 用手电钻安装螺丝钉。

▲ 用扳手安装膨胀螺栓。

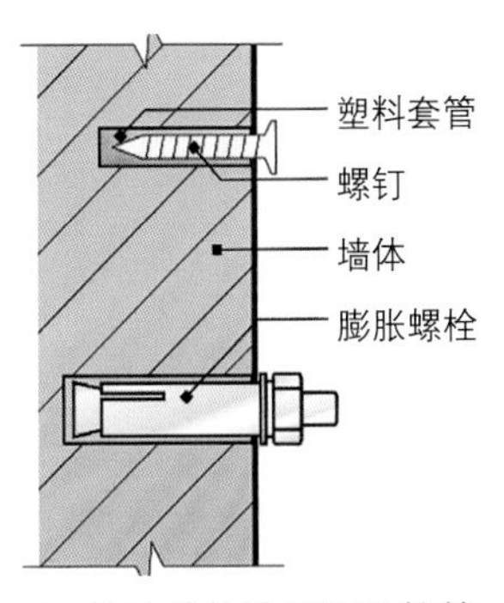

钻孔的构造原理比较简单，都是通过洞口内壁挤压产生阻力，让螺钉或膨胀螺栓紧固在墙体中。如果受力超过20kgf，应当让螺钉穿透家具板材，固定到墙体中。如果受力超过40kgf，应当选用膨胀螺栓固定到墙体中。

如果是将金属挂件安装到家具板材上，应当综合考虑承重。

挂件的形式多样，除了挂在家具内部，还有部分功能物件会被挂在家具外部的墙面上；如厨房橱柜旁墙面上的挂架，其金属色与厨房风格相融合，完全不用担心与厨具不搭。

6.6 安装实例解析

6.6.1 准备安装材料与工具

先清洁安装区域的地面，家具一经安装后就很少会有所变动；而家具底部也是最难清扫的地方。准备好安装工具，将安装所需要的工具、配件都一一摆放好。

6.6.2 安装螺丝

安装衣柜板材时应根据设计图，或者根据实际组装情况的需要预留好钉孔，这样可以避免在安装时有意外损耗，致使板材表面出现不美观的划痕。在安装时，还可直接在现场用专用工具把螺丝固定好。

准备安装工具，以及包装箱里面的安装图纸、五金配件，清理数量，看是否准备齐全，无遗漏。

▲ 将塑料预埋件尖头朝下敲入板子的圆孔中，用小锤子钉进去即可；钉进去后要与板面相平。

▲ 将偏心件放进预留孔中（大孔），用小锤子敲击固定。

▲ 将螺丝拧进预埋件内，直到看不到下面的金属螺纹部分；在组装时不要过于拧紧，以防预埋件脱扣。

▲ 将安装好螺丝的板件集中堆放在一起，应遵循大件板材靠墙的习惯，避免板材倒塌。

将所有板件上的孔洞打上螺丝后，将主体板材按照家具展开的造型，将带编号的板件平铺在安装区域，等待安装。

▲ 板件的编号上一般都写有型号及用途，安装时可根据编号来确定摆放位置。对于构造比较简单的家具，也可以在辨清板件之间位置关系后，将标签揭掉，避免安装完成后家具的侧面不方便清除。

集成家具小贴士 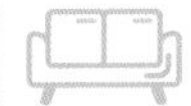

三合一连接件

三合一连接件又称偏心连接件，由偏心轮、杆、预埋螺母组成，主要用于板式家具的连接件。三合一连接件相当于传统木工里的钉子和槽隼结构。使用三合一连接件，减少了黏结剂的使用，使家具更加环保。三合一连接件的出现，使得家具产业有了更广阔的发展空间。

6.6.3 安装层板

将板件准备好后，就可以开始安装衣柜了。首先，要保证地面干净，将不用的锤子、钉子在一旁放好，避免磕碰板材。然后，提前将衣柜底部清理干净，因为衣柜安装好之后清扫就很费时、费力。最后，根据衣柜板材结构件来安装侧板和背板，将柜体的框架先固定好。

▲ 将偏心件十字朝外，对准露出头的螺丝件拧紧。

▲ 将侧板与层板连接起来。

先把柜身侧板中放在中间的侧板找出，然后将背板放在地上，相互连接、拧紧，先将主体固定好。

▲ 将衣柜的整体框架安装完成后，注意检查整体构造的承重能力，预先设计的构造应能满足日常使用；也可以根据需要增加支撑构件。

集成家具小贴士

注意环境湿度

安装家具时要充分考虑到天气，湿度比较高的环境对实木家具的安装也有影响。若阴雨天安装，水蒸气易进入家具各部位的实木衔接面、金属固定器件，家具会受到虫蛀或者有发霉、变形等问题。

6.6.4 安装背板

家具装好框架后会有轻微摇晃，装上背板后，这一情况会有所改善，背板也能够起到固定框架的作用。背板的安装有两种形式：一种是插接；另一种是钉接。插接工艺简单，需要在柜体组装时将背板同步插入。钉接需要采用长度为15mm的钉子将背板从家具背后钉入主体板材中，需要测量精准，严格对齐。

将背板需要打钉的位置用铅笔做好记号。如果不做记号，随意打钉，极有可能打钉时出现打不准、打偏的情况，使得柜体受损。

▲ 将所需背板对号入座，按照从左到右的顺序依次安装背板，准备好一只2B铅笔、一把锤子、一个卷尺。

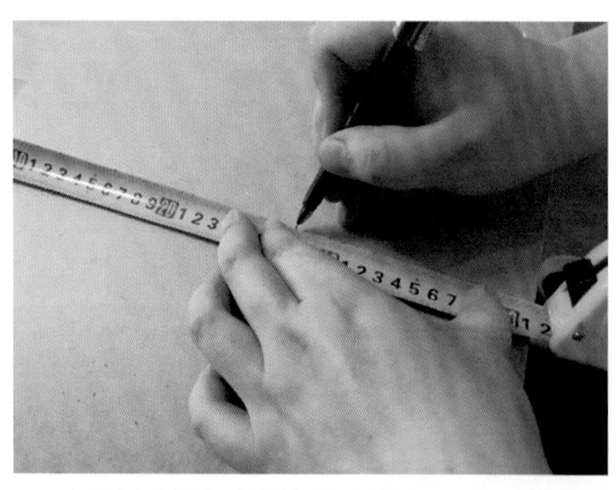

▲ 在背板上用铅笔做好钉眼位置记号，打钉时根据记号来固定背板。家具厂家不会在背板上预留钉眼，部分安装施工员会随意打钉。这种方式不能够让背板与柜体更好地衔接，导致背板受力不均。

▲ 打钉时按照标记位置从上至下、从左至右的顺序来打钉，也可以采用射钉枪施工，效率虽高，但是容易打偏，造成钉子刮伤柜内衣物。

集成家具小贴士 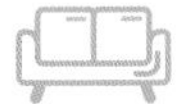

钉背板

钉背板时用拉尺量好柜子的对角尺寸，调至相等，从宽测板处开始装第一块背板。如果中间有固定层需钉钉子时，先用铅笔画好固定层的中心线，再钉钉子。把装好的整体柜侧放在摆好垫布的地板上面，垫平侧板成同一平面。

6.6.5 安装衣通

在现代衣柜中，衣通的使用率非常高，人们习惯将衣柜直接挂起来，省去了叠衣服的时间。在安装衣通时，需要先找到居中打钉的位置，一般厂商都会标明，安装时将衣通扣件与钉孔对准即可。

安装衣通讲究“横平竖直”，衣通直杆保持横平的状态，衣通扣件保持竖直的形态，这样安装出来的衣通才能稳固，承重性能会更好。

▲ 安装时必须对准钉孔，衣通扣件需要垂直居中，注意钉好之后将会无法移动。

▲ 钉好一端后将衣通直杆放进去，另一端先放进扣件中，然后再钉紧。

▲ 衣通安装完成后应该是水平垂直于两端，扣件紧紧卡住衣杆，没有一边高、一边低的情况。

集成家具小贴士 

衣通根据不同材料可分为：不锈钢衣通、铝合金衣通、太空铝衣通、钛合金衣通、实木衣通、塑料衣通等；根据外部形态还可分为圆形、椭圆形、方形等。

6.6.6 柜体安装完成

柜体安装完成后，可采取“一观察、二触摸、三摇晃”的方式检查柜体的稳固性能与连接性能，以及五金件的安装是否到位。此外，应检查是否存在没紧固的螺丝件。

▲ 观察家具表面是否有明显的伤痕，以及在安装中没有被发现的磕碰等。由于是饰面板，板材有伤痕会影响家具的寿命及整体美观性。

▲ 用手触摸家具连接的垂直位置，两块板件连接之间是否存在空隙及错位的情况。

▲ 左右摇晃衣柜，检查衣柜是否会变形，连接处是否都已经连接完整。

6.6.7 增加垫片

家具底部一般会与地面多少存在高差。在这种情况下，衣柜柜体不够稳定，会产生轻微晃动。因此，一般集成家具配件中会附带垫片，也可以去五金建材店另行购买。垫片能够有效解决衣柜与地面之间的高差问题。

▲ 准备好剪刀、锤子、垫片。

出于安全性考虑，柜体向靠墙一侧应产生较小的倾斜角，即柜体向墙倾斜，能够使衣柜达到更好的稳定性，防止衣柜内储物过多时，衣物向柜门一侧滑落，导致柜门无法正常关闭。

▲ 将垫片居中剪开，垫片刚好是一边为凸起，一边为平面，留作备用。

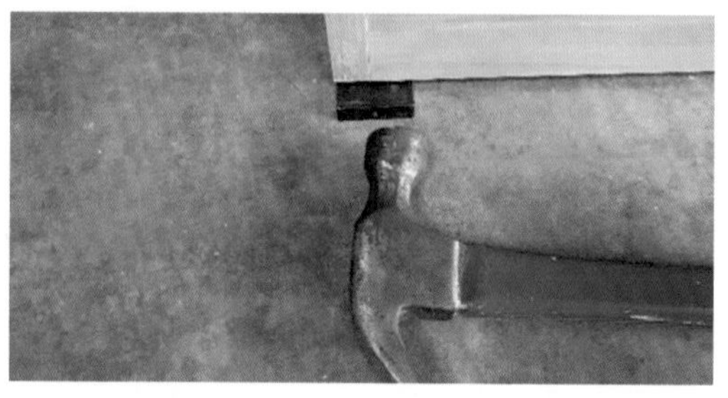

▲ 将垫片薄片一端插入衣柜底部，用锤子轻轻敲击进去即可，凸起的部分刚好卡住衣柜底端。

6.6.8 安装铰链

铰链是连接衣柜框架与门板的连接件，铰链安装的好坏程度决定了衣柜后期使用的舒适度。因此，在安装铰链时，要先确定柜门铰链的类型是半盖、全盖还是内掩后才能实施安装，在安装柜门铰链前要先确定柜门铰链安装的最小边距。

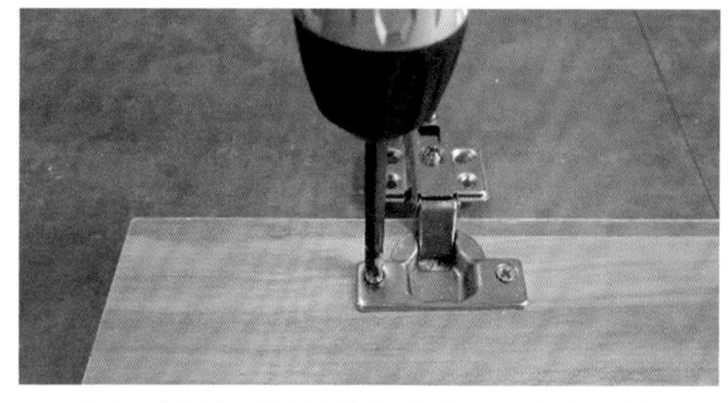

▲ 在门板上找到铰链的安装位置，在安装铰链杯前在柜门位置会有一个较大的空洞，将铰链杯放进去固定即可，铰链杯带胀塞。其次，手动压入门板预留开孔后，用螺丝固定，注意保持方向平直，中、高端定制家具会预留好螺丝孔，能有效保证铰链的安装方向。

▲ 按照以上方法将所有门板的铰链杯安装完毕，安装后放在与柜体对应的位置，方便安装铰臂，这样也不会慌忙中拿错门板。

▲ 将对应的门板铰链杯与柜体上的铰臂用螺丝拧紧，这时候可以选择电动螺丝刀，能够快速将螺丝紧固。

6.6.9 安装拉手

衣柜上的铰链安装完毕后，检查铰链没有问题后，就可以开始安装拉手。拉手安装十分简单，只需要对准拉手与门板上的钉孔，将螺丝紧固即可，没有更多技术要求。值得注意的是，紧固螺丝时不可一味追求“紧”而使得板材开裂。

▲ 将柜门打开，一边固定住拉手，一边手持电动螺丝刀；螺丝分两次紧固，第一次旋转进三分之一，确定拉手对孔准确后，再将螺丝再次紧固。

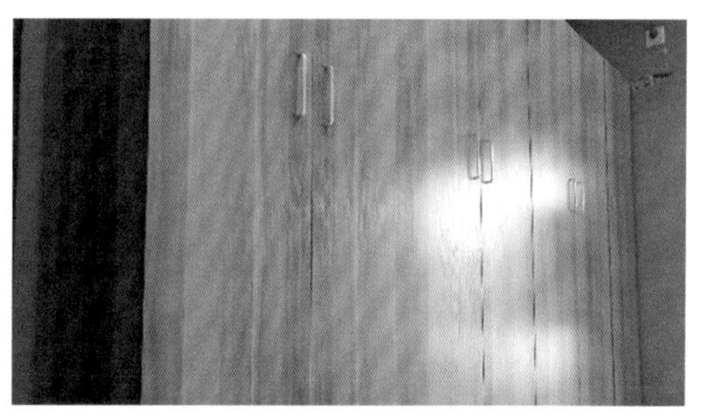

▲ 安装完毕的拉手应在横向上处于一条线，且两两对应的拉手之间的间距与高度要一致。

6.6.10 衣柜安装完成

▲ 衣柜安装完成，此时可再次检查所有构件是否完全紧固，衣柜门开关起来是否费力、有嘈杂声；如有，可以做一下小调整。

6.6.11 家具磕碰处理

家具安装完成后，会有部分螺丝裸露在外，影响整个衣柜的美观性，这时可以使用装饰帽对家具上的钉眼进行装饰。

在安装的过程中即使再小心翼翼，也难免会有磕磕碰碰，这时候全面检查门板表面与家具边角处就显得尤为重要。

▲ 如果螺钉的端头外凸，可以选择同色或近似色的装饰帽遮挡，直接盖上去旋转进去即可，家具上难看的钉眼就被遮住了。

▲ 衣柜边角是极易发生碰撞的地方，这时候可以采用与门板颜色相近的木粉添加胶水，涂饰在破损处；再用砂纸砂光至表面光滑顺畅。

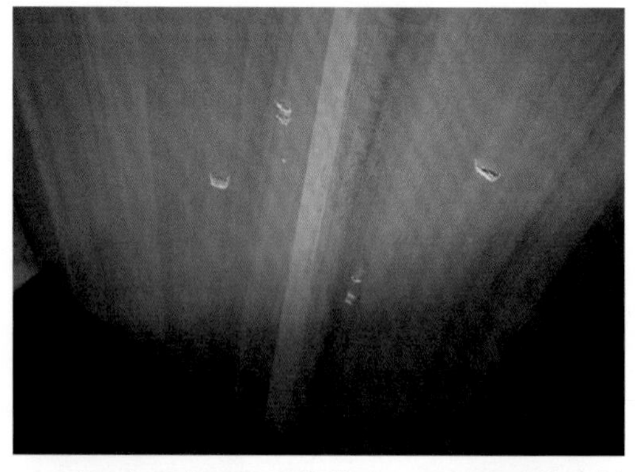

▲ 对于家具表面可见的伤痕，可以用柔软布料蘸少许熔化后的蜡液，涂抹在涂料表层的擦伤处，通过这样的方法可以把伤痕覆盖。

集成家具小贴士

家具上的烫痕可以用普通的碘酒轻轻地涂抹在上面，或在烫痕上面涂一些凡士林，大约两三天后，用柔软布料重复擦拭几次，烫痕就会慢慢淡化。

6.7 验收与交付使用

集成家具在安装后要仔细验收，除了对照安装效果图是否一致，还有一些细节问题需要房屋消费者仔细验收：检查整体家具设计是否与设计方案相符；内部格局是否符合要求；是否有表面磕伤、划伤等，以防止安装后出现不牢靠，或表面有损伤的现象。

6.7.1 检查家具色号

集成家具的优点在于消费者能自主选择颜色，在检验集成家具时第一步就是要看家具门板是否与当初消费者所选择的色号一致，材质是否相同，表面有无损伤及门板整体颜色是否一致等。

▲ 检查家具表面是最直观的方式，同时要对家具结构进行检查；检查与当初消费者选择的色号是否一致，有没有出现大面积色差。如果家具色号或材质有误，就会影响整体家具格局以及今后的使用情况。

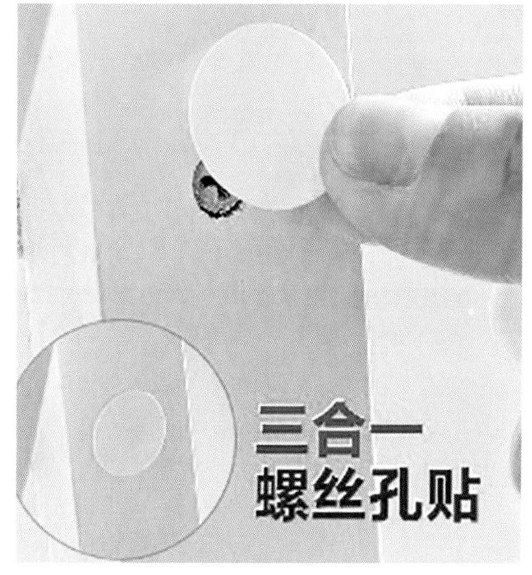

▲ 对于裸露在外且较明显的三合一连接件螺丝孔，可以选择与家具板材纹理颜色一致、带胶的PVC贴片遮挡。但是，这种情况一般不多见，仅仅适用于后期增加孔洞的板材。

6.7.2 检查家具平整度

（1）门板

门板安装应相互对应，高低一致。门板的表面必须是平整，没有气泡，门边造型与定制效果一致；门板封边的颜色是否符合采购时的要求；是否可以反复开关柜门，并用水平尺度量是否平整。

（2）橱柜台面

橱柜台面关系着橱柜的使用寿命。因此，台面的材质首先必须耐用，其次要考虑美观性。橱柜台面石材的好坏是影响油污、水渍是否容易渗入其中的重要因素。

除此之外，橱柜台面也不能有凹凸不平的现象。石材台面应无裂纹、收口圆滑，水盆和灶台开后应尺寸合理，水龙头安装应牢固，下水管应无漏水等。

▲ 检查衣柜门的板面是否存在明显的气泡，表面是否光滑，反复开启柜门，用水平尺度量、测试门板是否达到一定的平整度。

▲ 台面连接处采用云石胶粘接，遗留的胶痕不能过于明显；采用2000#砂纸加水打磨，最终连接处的胶面应当平滑，无明显粘接的痕迹。

6.7.3 检测牢固性

（1）拉手

检查拉手与柜体之间的开合关系，要预留足够空间，如果柜体打开时与门框相碰，属于不合格。

（2）铰链

铰链安装应当无松旷感，螺丝安装精密，开关时无摩擦声响，柜门开启与关闭应当顺畅。

（3）封边

家具的封边必须要光滑，封线应平直、光滑，接头精细。对于封边，专业大厂采用直线封边机一次完成，涂胶均匀，压贴封边的压力稳定，能保证更精确的尺寸。

▲ 需要检查拉手与门扇是否有刮花、损伤、生锈的现象。

▲ 着重检查铰链是否已固定好，是否出现生锈等现象。

▲ 看封边的表面及底面平整度、厚度是否均匀，光泽度是否适中；封边条与板材之间的颜色也很重要，颜色相差较大，会影响整体美观。

第7章

集成家具保养与维修

识读难度： ★★★★☆

核心要点： 台面、五金配件、柜体、门板、保养、维护、处理方法

章节导读： 经过长时间使用，家具表面不再富有光泽，污渍横行，但是却拿它没有办法。在保养过程中，虽然能够暂时让家具变得干净，但有时错误的清洁方法会对家具造成潜在伤害；随着时间的推移，家具也会出现无法弥补的损害，也需要进行维修。

7.1 台面保养

生活中使用率最高的莫过于各种成品家具的台面了，每天的油渍、污渍、水渍不断地出现，家具台面要如何进行维护与保养呢？下面介绍几种方法。

7.1.1 杜绝热源

无论是哪种材质台面，过热的物体都不要直接或长时间搁放在台面上，否则可能因局部受热过度而导致台面膨胀不均、变形。放置过热物体时，可以在台面放置一块毛巾或隔热垫，能够有效地防止物体过烫而损坏台面。

7.1.2 避免利器

在日常使用中，应当尽量避免用尖锐物品触及家具台面，以避免产生划痕；避免用尖锐物体刮花台面、柜面。除了可以避免留下刀痕之外，还应该做好清洁卫生。

▲ 隔热垫能够有效地对台面进行隔热处理，避免热源对台面的伤害。

▲ 当生活中实在找不到可以迅速用来隔热的物品时，毛巾也是不错的选择。

▲ 家具台面应保持干燥、整洁，避免滋生细菌；可以选用2～3mm厚的透明PVC垫，根据各种台面大小裁切后铺装，具有良好的保护功能。

7.1.3 台面划伤

如果使用刀具时不慎将家具台面划伤，可以用砂纸磨光。对光洁度要求为哑光的台面，可用400#～600#砂纸磨光直到刀痕消失，再用清洁剂和百洁布恢复原状。

如果要求橱柜台面光洁如镜，可以先用800#～1200#砂纸磨光，然后使用抛光蜡和羊毛抛光盘进行抛光；再用干净的棉布清洁台面，细小伤痕用干抹布蘸食用油轻擦表面即可。但是，此方法不适用于不锈钢材质的台面。

▲ 砂纸磨光处理台面划伤可适用于石材台面、人造石台面等。但是，这种方法不适用于金属及不锈钢材质的台面，会加深台面刮伤。

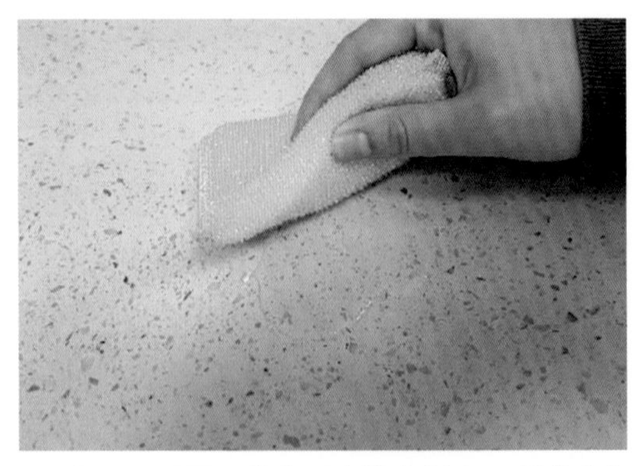

▲ 由于不同原因使台面有较多划痕，而影响台面美观性时，可以采用液态抛光蜡辅助百洁布处理，台面能达到焕然一新的效果，延长家具的使用寿命。

7.1.4 化学侵蚀

对于大多数橱柜的人造石台面，尽管人造石具有持久、抗伤害能力，但仍需避免与强腐蚀性化学品接触，如去漆剂、金属清洗剂、炉灶清洗剂等。不要接触丙酮、强酸清洗剂。家具台面若不慎与以上物品接触，需要立即用大量肥皂水冲洗表面。

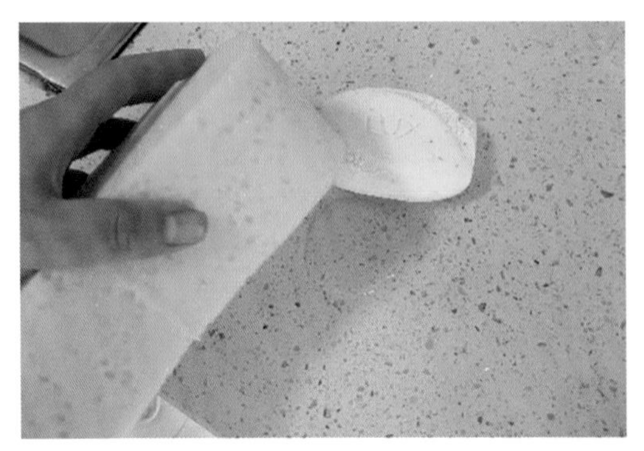

▲ 去除人造石表面的多数污渍和脏物，可以用肥皂水或含氨水成分的清洁剂清洗；肥皂可采用香皂或普通皂，用大孔隙泡沫海绵擦拭为佳。

▲ 在日常使用中，对于含有化学物质的洗涤用品应尽量避免在台面上擦拭，长时间的腐蚀会加快台面的使用年限；也可以采用白米醋与泡打粉（发酵粉）配合，对去除强酸性或强碱性污垢具有良好效果。

7.1.5 梳妆台面

梳妆台与其他家具一样，需定时清洁保养，才能历久如新。梳妆台面每周采用干净的抹布蘸酒精（乙醇）全面擦拭一遍，可以快速清除梳妆台表面残留的化妆品，而且不会腐蚀梳妆台面的涂料或饰面层。

如果梳妆台面是烤漆饰面，而且使用频率较高，可以在梳妆台面上铺一张厚2mm左右的PVC桌垫，可以有效保护梳妆台面。

▲ 梳妆台大多是人造板材制造，贴饰面或刷漆的表面清理起来比较方便；可以采用75%酒精喷洒后，用干软棉布擦除污垢。

▲ 对于特别难清除的污垢，一般多为含有胶质成分的残留化妆品。在日常生活中，使用梳妆台时要避免将化妆品滴落到台面上，防止渗透到梳妆台面而不易于清洗；可以喷涂少量不干胶去除剂，往往会得到较好的清除效果。

若梳妆台面较干净且没有难洗的污渍，只需用干的软毛巾将上面的灰尘擦拭干净即可。如遇灰尘特别难以擦干净时，可用抹布蘸上一定量的清洁剂或肥皂水擦拭去掉灰尘。遇上难以除去的顽固性污渍，可用平常使用的牙膏或其他清洁液对其进行清除。

7.1.6　其他台面

清洁时可选用较为柔软的干毛巾轻轻擦拭，切忌将抹布直接擦拭台面，避免在表面留下水迹，如有水迹一定要及时擦拭干净。可使用一般的家具蜡或清洁剂擦拭。若柜身上涂有涂料，可先用布料，蘸上少量清洁剂，在不显眼的区域进行尝试。若无掉色情况，即可放心使用。

▲ 如果台面污水渍较多，使用完毕后应立即擦拭干净，或使用热毛巾擦拭。

在日常使用中，不要使硬物接触家具，以免刮花家具表面或镜面，影响家具的美观及使用。切忌不要用汽油或有机溶剂擦拭，可以用家具蜡擦拭，以增加光泽，减少尘埃堆积。

▲ 台柜边缘容易受到磨损，可以选用同色马克笔或近似色马克笔填涂台柜板材边缘，从而达到遮挡作用。

▲ 灰尘是家具最为常见的污渍，也是人们清洁时最容易忽略的地方。日常清洁常见的方式就是用抹布擦拭，操作简单，但极易损伤家具表面。

集成家具小贴士 

家具保养维护细节

1. 不要将家具放在阳光下曝晒，也不要将家具放在过于干燥的地方，防止木料开裂变形；同时，也不要将家具放在十分潮湿的地方，以免木材遇湿膨胀，产生抽屉拉不开的现象。
2. 家具在搬运时，不要硬拉硬拽，应轻抬轻放，放置时应放平、放稳；地面不平时，应将腿垫实。
3. 不要使用水冲洗或用湿抹布擦胶合板制作的家具，防止夹板散胶或脱胶。不要使用碱水或开水洗刷家具或桌面上放置高浓度的酒精、香蕉水和刚煮沸的开水等滚烫的东西，以防损坏漆面。
4. 不要在大衣柜顶上压重物，以免出现柜门凸出、关不严的现象；同时，衣物不要堆放过多而超出柜门，以防柜门变形。

7.2 家具构造的保养

家具的主体构造虽然结实，但是需要小心养护。在使用柜类家具时，推拉柜门、抽屉的动作都需要尽可能轻柔，避免在推拉时与家具其他构造发生猛烈冲撞，造成柜门裂痕、脱漆等现象。家具构造的材质十分多样，不同材质具有不同的使用性质；同样，也需要不同的保养方法。

▲ 尽量避免将潮湿的衣服、毛巾、百洁布悬挂或者覆盖在家具开启的门板表面。

▲ 潮气会造成实木构造的永久褪色，产生水印等现象。

7.2.1 清理方法

（1）木质构造表面

可使用软棉布清理木质构造家具表面，用温水浸泡棉布后将水分拧出，保持一点潮湿。如果需要更彻底的清洗可以选择中性清洁剂混合在温水中，轻擦门板的表面；再使用干质软棉布迅速将门板表面的水分擦干，这样能防止构造表面产生滞留的水迹、油脂以及其他污垢留下的痕迹。

▲ 经常用软布顺着木质构造纹理去尘；在去尘之前，应在软布上蘸点清洁剂，不要用干布搓抹，以免擦花表面。

（2）皮革构造表面

皮革构造表面柔软，容易造成物理损伤。当柜门表面有灰尘时，应使用毛掸或软布除尘。如果表面有污渍时，应使用砂蜡擦磨清除。

对于皮革构造家具表面，平时只要用干净的棉布擦拭即可；还应经常保持柜门清洁，轨道内不能有杂物、尘土。清洁时，可用半湿抹布擦拭柜体、柜门，切忌使用腐蚀性清洁剂。

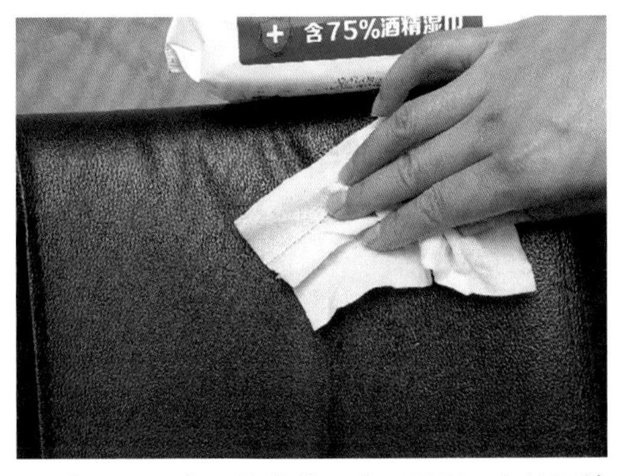

▲ 皮革构造表面的简单污渍只要用干净的酒精湿巾擦拭即可。若有脏污，则可以酌量使用肥皂水或中性清洁剂，用湿布擦拭。

▲ 泡沫剂在居室空气或天气过于潮湿时，应定期打开门窗通风，并在皮革家具内的角落放置小包干石灰或其他干燥剂，以防止皮革面料发霉、变形。

（3）玻璃构造表面

玻璃构造表面的透光性好、环保，不会散发异味，防潮、防火性能好，不存在变形问题。此外，其颜色丰富，可以制成多种特殊颜色。

玻璃构造表面最好的清洁方法是使用清水清洁，并在清洗结束后及时擦干。若长期使用较粗糙材料擦拭玻璃会使材料表面变得毛糙。

（4）金属构造表面

金属构造清洁时需注意的问题是腐蚀，应避免金属构造表面被划伤，导致造成表面保护膜脱落。所以，金属构造表面最好使用清水配以半干抹布擦拭，应避免长时间被阳光直射，以防止金属构造出现变形、变色、开裂、脱胶等现象。

应禁止用硬质物件碰撞、摩擦门板表面，禁止使用香蕉水、环酮类等化学溶剂作为清洁剂，以免损伤金属板面。

▲ 柜门中的金属构件，如暗装拉手，应经常保持清洁；或对表面进行贴膜处理，随时保持卫生。

▲ 金属构造应采用半干棉质抹布进行擦除；可以搭配中性清洁剂使用，擦除时速度要快，保持门板干爽。

7.2.2 保养方法

目前，消费者对家具构造不满意之处就是柜门的翘曲变形。除了材料和设计原因之外，日常使用过程中的不良习惯是造成高柜长门发生弯曲变形的主要原因。

在移门长期使用中，由于尘垢沉积吸收水分，特别是当空气中含有硫化物时会受到腐蚀，必须按时清理表面，周期一般为每半年一次。此外，长时间使用柜门收边条可能会有轻微胶落现象，用免钉胶粘接即可。

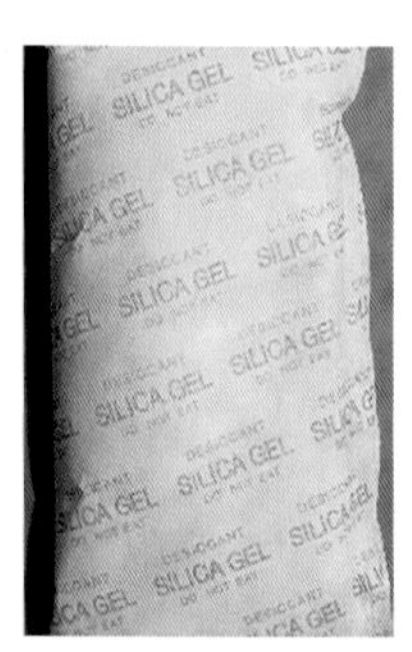

▲ 衣柜定期打开门窗通风并在衣柜门角落放置小包干燥剂。

▲ 阳台门长期受到阳光照射，可以每年进行一次大清洗及补色。

▲ 位于柜门底部的收边条容易脱落，可采用免钉胶修补、粘贴；修补前应当清除残胶。

每周用软布蘸清水或中性洗涤剂清洁移门表面。当推拉门门板饰面上有很严重的污渍时，可以选择专业清洁剂进行擦拭，不要用普通肥皂和洗衣粉，更不能用去污粉、洗厕精等强酸强碱清洁剂。

不能使用砂纸、钢丝刷或其他摩擦物进行清理，在清洁处理后要用清水洗净。特别是有裂隙、污垢的地方，还要用软布蘸酒精来擦洗。如果门板主体材料采用板材类材质，则在清洁时使用的湿抹布水分不宜过多，只要保持润泽即可。

对于玻璃移门而言，需要保护玻璃表面，切勿使用锐器敲打移门；而对于木质门而言，则需要防止其潮湿。为保持木移门的干燥，整个家居应保持好通风与干燥。

对于移门而言，滑轮作用重大，可以间隔半年滴几滴润滑油以保持轨道顺畅。而上、下轮为滚针轴承滑动的移门则不需要添加润滑油，只需清扫轨道内的杂物即可。

▲ 防止门板垂直板面的边角受损破坏，如果更换门板，则其颜色与自身花色难以匹配。

▲ 严禁锐器以及重力破坏门板，以免造成推拉困难。

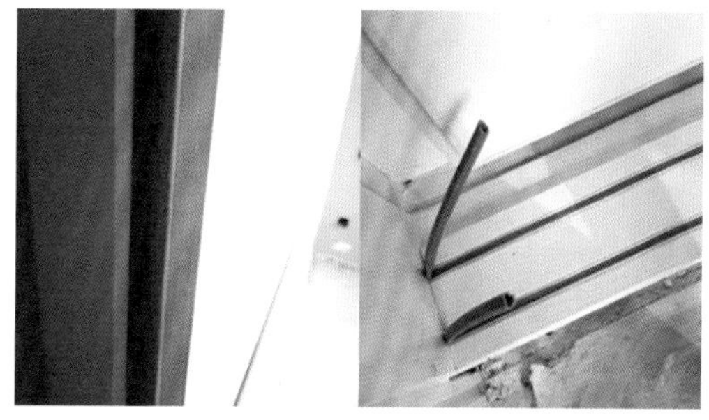

▲ 保持门轨清洁，防止异物进入，如有杂物及灰尘，可用毛刷清理。槽内和封条的积灰可用吸尘器清除，甚至可以更换新的侧面与底部的防尘条。

应保持移动门良好的使用效果，当密封条发生脱落时要及时修补，可以用同色玻璃胶或其他胶水粘贴。注意粘贴后，待完全干燥后才能使用。

7.3 五金件保养

传统家具大多是以木质结构连接起来的，有时甚至不需要五金配件。随着家具现代化的发展以及人们对精致生活需求的提升，五金配件逐渐成为衡量家具整体品质非常关键的

因素。

集成家具的五金配件包括拉手、抽屉导轨、铰链等。在日常使用中，对五金进行及时保养也是必不可少的。

7.3.1 拉手

拉手通常每周清洗1~2次，通过清洗使拉手保持干净，保证生活健康，减少细菌滋生与传播。若是拉手出现生锈现象，千万不要使用磨砂纸打磨，这样会进一步破坏其表面的保护膜。这时候可以用棉丝或毛刷蘸机油涂在锈处，片刻后再反复擦拭，直到五金拉手锈迹清除为止。

不锈钢拉手清洁时不要使用含有腐蚀性酸碱的清洁剂，否则容易腐蚀金属，缩短拉手使用寿命。如果平时保养不到位，造成拉手表面被水侵蚀，可以喷涂一层薄薄的透明自动喷漆，作为拉手的保护膜。

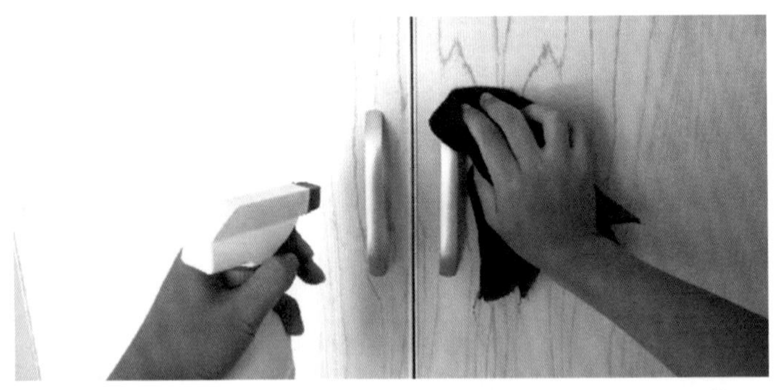

▲ 清洁普通拉手时，只需用干抹布擦干净即可。镀铬拉手是不能放置在潮湿、阴凉处的，容易让拉手生锈，甚至会让拉手的保护层脱落。如果镀铬膜出现黄色斑点，可以用中性机油擦拭，能有效防止生锈面积扩大。通常在做清洁时使用柔软的干布擦干净就行。如果拉手是在厨房油渍比较多的地方，那么就可以用干布蘸滑石粉用力擦拭表面，马上就能光亮如新。不锈钢拉手具有极强的耐污、耐酸、耐腐蚀、耐磨损性能，无放射性。如果出现轻微划痕，用水磨砂纸蘸牙膏擦拭就可以去除。

▲ 发现拉手松动时，可以用螺丝刀对柜门内侧的螺丝紧固或更换新螺丝。

7.3.2 抽屉导轨

抽屉导轨可以用干的软布轻轻擦拭。如发现表面有难去除的黑点，可使用少许煤油擦拭。

使用时间长了难免会发出响声，这是正常现象。为了保证滑轮持久顺畅，无噪声，可以每2~3个月定期加润滑油保养。在使用抽屉时，切忌生拉硬拽、强行推拉抽屉导致家具变形、轨道损坏。

7.3.3 铰链

柜门用的时间长了，难免在开关门的时候会有吱吱咯咯的声音，门铰链的优劣就显得十分重要。在日常橱柜维护中，铰链可能会被很多人忽视。当发现松动或门未对准时，应立即使用工具来拧紧或调整铰链。打开柜门时，应避免过度用力，防止铰链受到猛烈冲击，并损坏电镀层。应保持干燥，避免铰链等五金件处在潮湿的空气中。

▲ 偶尔检查一下滑轨上有没有细小的颗粒、灰尘，及时清理掉，以免在推拉抽屉时损坏滑轨；定期为轨道加点润滑油。

▲ 避免铰链和盐、糖、酱油、醋等调味品接触，否则会生锈；如不慎接触，要立即用干布擦净。可以每2～3个月定期加点润滑油保养，保证滑轮顺畅、静音。

集成家具小贴士

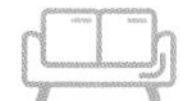

衣柜的正确使用很重要

衣柜要避免过量储存，包括避免在衣柜上方堆放重物，不要用衣物将衣柜“挤爆”。在定制衣柜与房顶中间留有一定空隙的时候，有许多人习惯将一些不常用的重物码放到衣柜的上部，这样会对衣柜的整体结构造成影响。例如，家具会出现柜门关不严、板材变形等状况。

7.4 集成家具维修改造方法

7.4.1 柜体受潮处理

一些家庭会使用肥皂水、洗洁精等清洁家具，虽然这能有效地去除堆积在家具表面的灰尘。但是，无法消除打光前的微粒，而且一般的清洁产品具有一定的腐蚀性，经常使用会损伤家具表面，让家具的漆面变得黯淡无光。当湿布擦拭家具后会产生潮气。如果楼层较低的住宅，空气湿度大，家具可能在梅雨季节发霉。

应定期对家具打蜡。打蜡不仅能够更有效地锁住实木家具的水分，还能使家具看起来更有光泽，达到良好的家具展示效果；而且，打蜡后的家具表面不易吸尘，日后清扫也更方便。不要选用含有硅树脂的上光剂，因为硅树脂不仅会软化从而破坏涂层，还会堵塞木材毛孔，给修理造成困难。每季度只打一次蜡就可以，过度上蜡也会损伤家具涂层的外观。

▲ 清洁家具的时候，水分极容易渗透到木材里面，应充分控干抹布上的水分，防止湿气进入板材。

▲ 用软布顺着木材纹理的方向将上光蜡擦到家具上，另外应准备软布擦掉家具表面多余的光蜡。上蜡过程中要避免过度摩擦，过度摩擦严重时会导致家具表面光泽不均匀。

▲ 对于贴面家具和实木家具的刮痕，修补它们很简单，只需购买一支固体蜡条。固体蜡条的颜色较丰富，可以根据家具的色泽选择合适的蜡条，在刮痕处涂上颜色。蜡会帮助家具免遭各种侵袭，它还可以隐藏刮痕。

▲ 在家具上长时间放置某种带水的器皿，会使家具留下一定的水痕。可以采用色拉油擦拭；同时，用电熨斗隔着湿抹布小心熨烫，或用蒸汽挂烫机效果会更好。

7.4.2 加固柜内铰链

家具柜门经过长时间使用，容易造成铰链松动，可以根据需要重新更换铰链或对原铰链进行加固。更换铰链与加固铰链方法同出一辙，这里仅介绍加固方法。

铰链松动的原因主要在于螺钉与板材之间产生较大间隙，因此可以预先备好若干牙签。首先，观察铰链的松动部位，拆卸铰链。然后，在螺钉孔隙内塞入折断的牙签，必要时可以用锤子辅助钉入牙签。接着，将铰链重新采用螺钉固定到柜门上，将铰链转平和柜子垂直。最后，合好门板和铰链，先将门板上全部铰链用单颗螺丝锁紧固定，固定好门板，再将剩下的螺丝也一起固定上去即可。

▲ 检查铰链，卸下铰链。

▲ 使用牙签填充螺钉孔。

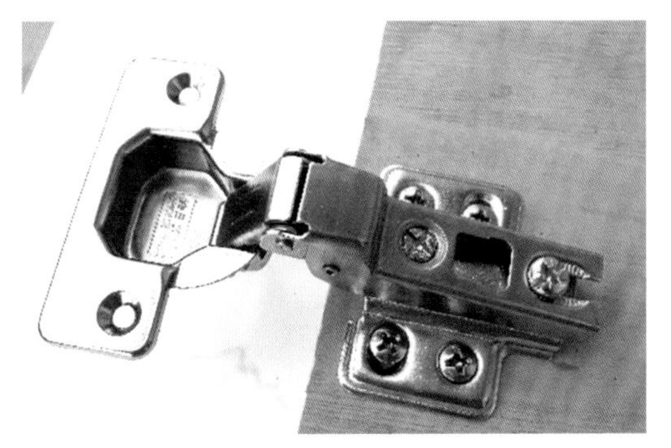

▲ 安装柜门一侧的铰链。

▲ 将门板安装固定在柜体上。

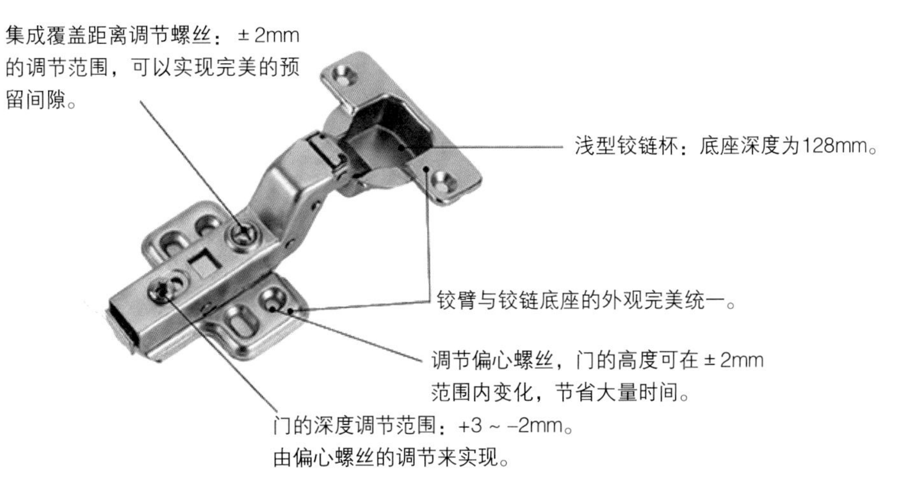

▲ 铰链安装调节功能解析。

7.4.3 抽屉脱落维修

家具抽屉门板一般由内、外两层板材组合。内层板是抽屉盒状造型的组成部分，形成结实、牢靠的承载构造。外层板为抽屉的装饰板，用于平整外观，抽拉开关，甚至安装锁具。内、外两层板材之间的组成一般为螺钉或气排钉反向固定，长期使用时，若用力不当会造成外层板脱落。下面介绍一些维修方法。

首先，检查抽屉脱落的原因。除了用力不当外，该抽屉位于家具最底部，容易受到脚踢与拖把撞击。然后，拆开抽屉外层板，拔除原有的气排钉，在内层板表面粘贴泡沫双面胶，并将外层板粘贴至内层板表面。接着，闭合抽屉，观察闭合后的缝隙是否整齐。可能需要反复调整多次，直至整齐为止。最后，采用2～4枚长25mm螺钉从内层板向外固定，完成安装。

▲ 抽屉开关检查。

▲ 观察内侧内、外两层板材之间存在的问题。

▲ 拆开抽屉外层板，拔除气排钉，粘贴泡沫双面胶。

▲ 将外层板粘贴至内层板表面；接着，闭合抽屉测试。

▲ 螺钉从内层板向外固定。

▲ 安装完成。

7.4.4　修复表面刮伤

时间会给家具表面留下岁月的痕迹，只有不断修复、保养才能驱走这些痕迹。对于家具表面的刮伤与划痕，通过巧夺天工的修补，能使家具维修、保养成为一种生活享受。

首先，使用铲刀清除家具缺角和凹坑周边的毛刺、结疤和污垢。然后，制作一些细腻的锯末，掺加胶水或白乳胶，涂抹到破损部位。涂抹时应尽量平整，待完全干燥后使用刀片清除多余的部分。接着，使用360#砂纸打磨平整，并擦拭干净，使用美术颜料与腻子粉混合，使腻子的颜色与家具原有色一致。仔细刮满修补部位，待干后再次打磨。最后，涂饰清漆即可，高档家具最好定期进行打蜡处理。

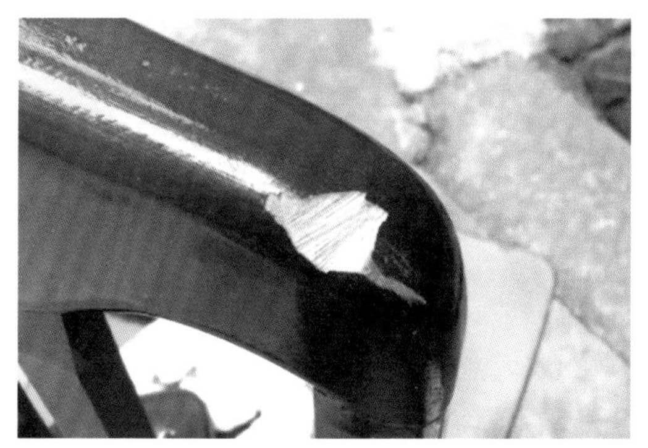

▲ 家具表面刮伤。

▲ 打磨平滑。

▲ 裁切锯末。

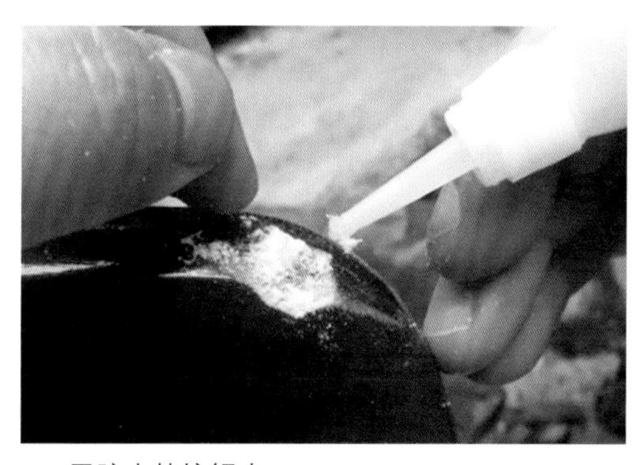

▲ 用胶水粘接锯末。

▲ 刮去凸起的锯末。

▲ 用砂纸打磨平滑。

▲ 用颜料或涂料修复漆面颜色。

▲ 晾干后完成。

7.4.5 增加储物隔板

随着时间的推移，日常生活中会积攒越来越多的必需品，需要在家具柜体中分离出更多空间。对一个较大容积的柜体，增加储物隔板能大幅度提升家具的使用效率，根据存放物品的尺寸来进行定制是好的方法。下面介绍在橱柜中增加隔板的改造方法。

首先，查看有哪些物品需要存放，对物品进行分类，并测量主要物品的外轮廓尺寸。然后，对加工板材进行测量画线，采用手动切割机裁切成型。接着，运用激光水平仪在柜内找准水平线，精确定位安放高度，并钻孔安装承板件。最后，加工隔板的外部封边条，搁置到位。

▲ 查看需要分类放置的物品，并测量基本尺寸。

▲ 对备用板材进行清点，计算好用量。

▲ 对板材精确测量并画线。

▲ 采用油性马克笔画线，清晰度高。

▲ 采用切割机对板材进行切割。

▲ 采用0#砂纸打磨裁切面边缘。

▲ 配置承板五金件，数清数量并分配。

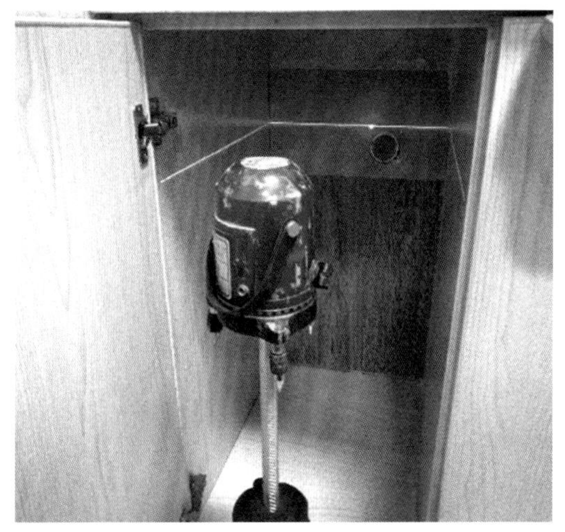

▲ 采用激光水平仪在柜内找准水平线。

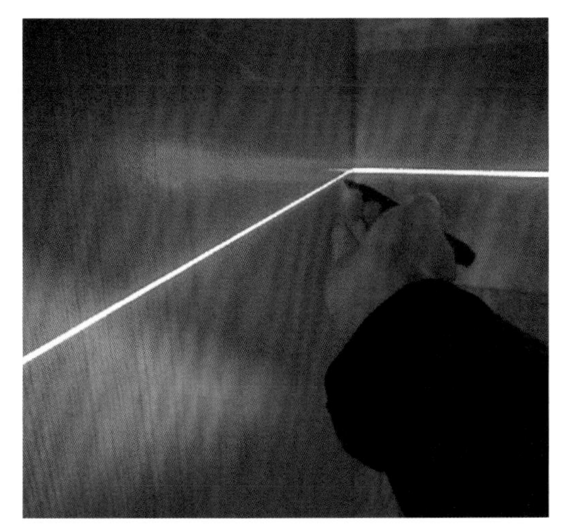

▲ 根据水平线，采用油性马克笔在柜内做好记号。

▲ 采用手电钻钻孔（ϕ3mm，深度10mm左右）。

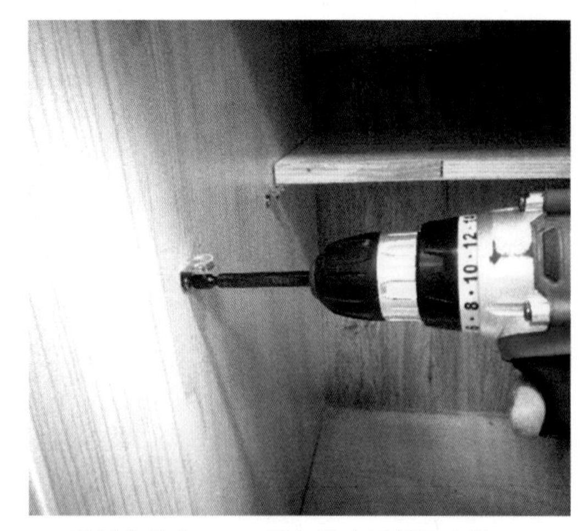

▲ 用手电钻将15mm螺钉固定承板五金件。

▲ 采用免钉胶粘贴板材周边的封边条。

▲ 封边条粘贴完毕后保持紧固3h。

▲ 将板材置入柜体内完成。

▲ 再优质的家具都禁不起长年累月的碰撞、摩擦等，可以考虑将家具落地的支撑构造换成砌筑材料或陶瓷材料；同时，对台面进行必要的维护与保养，这样能够延长家具的使用寿命。